KB020744

상대성이론과 양자역학이론의 오류

상대성이론과
양자역학이론의
오류

황금호 지음

인북스

머리말

이 책은 무언가 새로운 과학을 제시하기 위한 것이 아니다. 어려서부터 물리학에 관심이 많았지만, 그 중에서도 가장 관심을 끌었던 것이 바로 아인슈타인의 상대성이론이었다. 상식을 뛰어넘는 그 이론은 항상 나를 매료시켰다. 그래서 대학 생활을 하면서도 필자의 전공이 아닌 천체물리학과 상대성이론이 늘 머릿속을 떠나본 적이 없다. 그와 같은 관심은 항상 화두와도 같이 한 가지 만족할 수 없는 의문으로 귀결되었다. 즉, '과연 빛의 속도는 뛰어넘을 수 없는 것인가?' 하는 것이었다. 마침내 나는 몇 가지의 과학적이고 논리적인 상념을 얻을 수 있었고, 그 내용을 독자 여러분과 공유하기 위해서 이 책을 쓴다.

이 책을 읽기 위해서 독자 여러분은 꼭 물리학전공자가 아니어도 좋다. 비전문가를 위해서 상대성이론의 대강을 요약하여

놓았고, 각 항목별로 수학적, 물리학적 또는 논리적 이론으로 새로운 해석을 정리하였다. 간단히 열거하자면 첫째, 빛의 속도는 불변일 수 없다는 것을, 또한 그것은 인과법칙과도 어긋남을 설명하였다. 둘째, 상대성이론에서 말하는 시간 지연은 사실이 될 수 없음을 설명하였다. 셋째, 타임머신을 이용한 시간여행은 불가능하다는 것을 설명하였다. 넷째, 빛도 질량이 있어야 한다는 것과, 다섯째로 태양을 공전하는 행성들의 세차운동은 상대성이론으로 설명된 것이 아니라는 것을 밝혔다.

그리고, 빛의 속도가 최대의 속도가 아니라고 할 때, 우리가 새롭게 얻을 수 있는 것들이 있다. 최대속도라고 하는 빛의 속도로 여행을 하더라도 140억 년이 걸리는 우주는 사실 그 스케일이 너무 크다. 빛의 속도에 제한되지 않고 빛보다 더 빨리 우주여행을 할 수 있다면 얼마나 좋겠는가? 인간의 입장에서뿐만 아니라 우주 자체로 보아도 140억 광년이라고 하는 크기는 그 우주 내에서 서로에 대한 영향력을 주고받기에도 너무 큰 것이다. 또한 현대물리학의 결정체인 입자가속기로 가속시킨 입자의 속도가 빛의 속도로 제한된다면 참으로 갑갑한 일이 아닐 수 없다.

한편, 현대세계는 엄청난 양의 화석에너지를 사용하고 있고, 그 영향으로 지구온난화 현상이 나타나는 시점에서, 에너지원으로서의 태양광 에너지는 그야말로 모든 문제를 해결해주는 해답이 될 것이다. 이 태양광 에너지를 효과적으로 이용하기 위해서는 소형 대용량의 축전지가 필요한데 중성자 붕괴에서 생성되는 양성자와 전자를 이용할 수 있을 것이다. 중성자가 적당한 속도로 붕괴를 한다면 이보다 더 좋은 축전지가 어디 있겠는가? 중성자는 적당한 크기의 원자핵 동위원소 안에 있을 때 이러한 성질을 보인다. 그리고 원자핵 동위원소를 만들기 위해서는 효율이 좋은 입자가속기가 필요하다. 빛의 속도를 뛰어넘을 수 있다면 우리는 효율 좋은 입자가속기를 만들 수 있을 것이다.

(그런데 필자가 이 주장을 처음 글로 쓴 2008년에서 3년이 지난 2011년 9월 23일, 빛의 속도보다 빠른 입자가 발견되었다는 신문기사가 실렸다. 유럽핵입자물리연구소(European Centre for Nuclear Research, CERN)에서 입자가속기를 이용하여 실험을 하다가 빛보다 빠른 중성미자(Neutrino)를 발견하였다는 내용이었다. 이는 나의 이론을 검증해주는 결과라고 할 수 있다.)

이 책은 필자가 아인슈타인 상대성이론의 오류를 지적하고자 2010년에 저술한 『폭탄은 터졌을까? - 상대성이론의 허구』의 내용에 일부를 추가하고 제목을 바꾸어 펴낸 책이다. 이 책의 제2부는 새로이 추가된 부분이다. 그리고 특수상대성이론의 오류 증명 부분에 마이컬슨-몰리 실험의 새로운 해석을 제시하였다.

『폭탄은 터졌을까?』에서 나는 상대성이론을 합리적이고 과학적으로 부정하였고, 말미에서 "입자성을 가지기 위해서는 공간상의 한 점을 그 위치로서 차지해야 한다. 그 점은 무한소로서 그야말로 부피를 가지지 않는 한 점이다. 그다음 파동성을 가지기 위해서 그 물질은 위의 한 점을 중심으로 해서 드브로이의 물질파와 같은 파동을 형성한다. 물질파는 자연계에 존재하는 4가지의 힘과 같이 4종류의 파동이 있다. 원자핵 속의 강한 핵력에 해당하는 강한 핵력 물질파(strong force wave), 전자기적인 현상에 해당하는 전자기파(electromagnetic wave), 약한 핵력에 해당하는 약한 핵력 물질파(weak force wave), 만유인력에 해당하는 중력파(gravity wave) 들이다. 물질 간의 상호작용은 이러한 물질파들 간의 상호작용에 의해서 일어난다. 그리고, 각 물질파는 아직 알려지지 않은 메커니즘에 의해서 서로 간에 변환될 수 있다."고 기술한 바 있다.

새롭게 추가한 장들에서는 그에 대한 추가적인 상념들과 발견들을 제시하였다. 우선 슈뢰딩거방정식(Schrödinger's equation)을 푸는 방법의 오류를 확인하였고, 빛의 구조를 모델링하여 기존 학설과 다르게 설명하였으며, 전자(electron)와 원자핵(nucleus)을 구성하는 쿼크(quark)들을 모델링하여 이해하기 쉽도록 설명하였다.

물론 이러한 주장이 현대물리학과는 정면으로 대치되는 것이기 때문에 본인도 이러한 글을 쓰는 것이 상당히 부담된다. 또한 이러한 필자의 이론은 자연과학자나 수학자의 이론이 갖추어야 할 추론의 엄밀성이나 실험 등을 통해 철저한 검증을 거친 과학이론이라고 할 수는 없다. 그러나 오랜 시간에 걸친 지적 탐구의 소산인 필자의 주장을 나름대로 확신할 수 있기 때문에, 독자 여러분에게 직접 판단할 기회를 드리는 것이 나을 것 같아서 소신 있게 이 책을 펴내는 바이다.

　이 책이 출판이 되도록 도와주신 분들이 많다. 우선 어릴 때부터 상대성이론에 관심을 갖게 하고 자주 대화를 할 기회를 만들어준 나의 형제들과 친구인 권기홍 교수, 또 이상호 기자와 출판사 관계자 여러분께 감사드린다.

2021년
황금호

차례

Error in Relativity theory
and Quantum mechanics

제1부

상대성이론의 오류와 새로운 가설

chapter 1

현대 과학의 방법론적 오류

1. 모든 이론은 폐기될 수 있다

현대의 과학은 놀라울 만큼 발전을 이룩하였다. 그야말로 너무 많이 발전해서 거의 모든 분야에서 그 끝에 다다랐다는 표현들을 여기저기에서 사용하고 있다. 옛날, 인류의 지식이 그리 깊고 넓지 않던 때에는 모든 자연현상을 신비적이고 종교적으로 바라보았다. 그러다가 자연현상을 조금씩 이해하게 되면서 사람들은 신비적, 종교적 영역을 과학의 영역으로 바꾸어 온 것이다.

이제는 많은 부분에 과학의 힘이 자연을 압도하여 인간의 힘으로 자연을 개척하고 이용하고자 하는 상황이 되었다. 신비적, 종교적 현상은 설 곳을 잃게 되었고, 이에 대한 경외의 자세는 비과학적인 태도로 이해되고 있는 실정이다. 그러나 현대사회에서 가장 큰 문젯거리로 '지구 온난화'라는 것이 있다.

이 문제는 그 원인규명과 대책에 있어서 많은 사람들이 서로 다른 시각과 경험으로 각각 다른 해결책을 제시하고 있다.

여기서 우리는 '과학이란 무엇인가' 하는 물음을 가지고 다시 한번 살펴 보아야 할 필요가 있다. 수학은 인간의 이성으로 이해되는 논리를 바탕으로 전개되는 학문이다. 인간은 태어나면서부터, 또는 태어나기 이전부터 부모세대로부터 물려 받은 수많은 경험적 사실로부터 이성적으로 사유할 수 있는 한도 내에서 자연을 이해하여 가는데, 이렇게 이성적 사유에 의해서 이론을 만들어 가는 학문이 바로 수학이다. 비록 경험적인 자료를 바탕으로 전개가 되기는 하지만 전개해 가는 과정은 이성적으로 판단 가능한 논리로서 진행된다. 다시 말해서 수학은 그 자체로서 오류 없이 옳다고 여겨지는 섯은 사실로서 받아들일 수 있는 것이다.

반면 수학 이외의 과학은 그 방법적인 면에서 경험에 의존한다. 현대의 과학적 방법론은 그 자체로 오류의 가능성을 내포하고 있는 것이다. 현실적인 수많은 경험으로부터 하나의 가설을 세우고 그 가설을 입증하는 실험적 자료가 바탕이 되면, 과학적 사실이 되는 것이 현대의 과학적 방법론이다. 대표적인 예가 미국의 실용주의이다. 20세기 후반에 미국이 경제적인 발전을 이루었고, 경제적인 성공으로 과학 분야에도 많은 경제적인 투자가 이루어졌다. 미국의 실용주의는 학문을 하는 과정에도 영향을 미쳤다. 어떤 가설이 실험적인 증거로 뒷받침되면, 그대로 하나의 정설이 되는 것이다. 물론 그중에는 이성적으로도 이해가 될 수 있는 내용도 있겠지만, 대부분은 가설과 그에 대한 실험적인 증거만 있으면 되었다. 소립자를 다루는 입자물리학에서는 특히 그러한 경향이 크게 나타났다.

이러한 방법론은 유용한 면이 있다. 실험적으로 증거가 된다는 것은 재생산이 가능하다는 뜻이 된다. 따라서 그 가설을 법칙으로 하여 다른 곳에 이론적으로나 실제적으로 이용을 할 수 있는 장점이 있다. 그러나 이러한 방법론에는 단점도 있다. 수많은 실험적 증거가 있더라도 하나의 반증이 있으면 그 가설은 설 자리가 없어지는 것이다. 그리고 새로운 가설로 대체되어야 한다. 유용하기는 하지만 절대적이지는 못하다는 것이다.

그렇다고 여기서 절대적인 과학을 이야기하자는 것은 아니다. 인간이 신이 아닌 이상 절대적인 이론을 만들어 낼 수는 없다. 단지 어떤 이론이든지 항상 새로운 이론에 자리를 양보해 줄 수 있는 개연성을 가지고 있다는 것을 밝히고자 할 뿐이다. 다음 절에서 보는 바와 같이, 사람이 경험적으로 알게 된 것은 그 경험의 부피가 커질수록 항상 새로운, 기존의 이론을 바꾸게 되는 결과를 낳아 왔다.

이쯤에서 역사적인 사실을 생각해 보자. 옛날에는 지구가 둥글다고 생각하지 않았다. 사람들은 인류가 사는 육지는 편평하게 퍼져있으며, 육지가 지구의 중심에 있고, 육지의 끝은 사방이 모두 바다로 둘러 싸여 있다고 생각했다. 그리고 바다의 끝은 깊고 깊은 낭떠러지여서, 배를 타고 한없이 나가다 보면 지구의 끝에 도달하게 되고 거기서는 천길 만길의 낭떠러지로 떨어지는 것으로 생각하였다.

이러한 생각을 갖고 살던 고대인들은 바다 멀리 항해하는 것을 두려워하였다. 그렇게 오랜 세월을 살다가 많은 해양 탐험과 경험, 그리고 그 시대의 학자들의 연구 결과 지구가 둥글다는 사실을 알게 되었던 것이다. 그리고 자기 자신이 지구의 중심에 있다는 자기중심적인 사고방식을 양보하게 된 것이다. 그렇다고 모든 면에서 자기중심수의를 버린 것은 아니다. 단지 자기가 지구의 중심은 아니라는 것을 인정했을 뿐이다.

또 있다. 천동설과 지동설의 이야기이다. 유럽의 중세 무렵까지도 천체는 지구를 도는 하나의 장식물로만 생각하였지, 지구도 하나의 작은 행성으로서 태양을 돌고 있다는 것은 누구도 상상도 하지 못하고 있었다. 지구는 우주의 중심에 있으며 우주의 모든 행성과 별들은 지구를 중심으로 회전하는 것으로 생각하고 있었다. 두 번째의 자기중심주의이다. 갈릴레오 갈릴레이가 천체를 관측하고 행성들의 궤도를 계산하여 본 후, 지

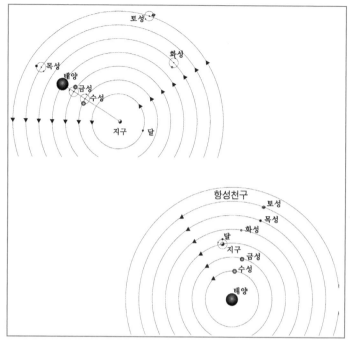

그림 1 - 1: 천동설(위)과 지동설(아래)

구가 태양 둘레를 돌고 있는 것이라고 발표하자 어떤 일이 벌어졌는가? 종교재판에 회부되어 천체가 지구를 돌고 있다고 말을 바꾸면 용서받을 수 있다고 하는 사태가 되었던 것이다.

이것들은 무엇을 말하는가? 사람들은 자기의 의견과 다를 때에는 그 내용을 자세히 검토해 보는 대신에 그대로 묵살해 버리는 경향이 있다. 특히 그 내용이 사회 내의 전반적인 사고방식이나 이해와 다를 때는 더욱 그러하다. 어떻게 보면 이것은 사회의 체제를 유지해 나가는 하나의 사회학적 메커니즘으로 볼 수도 있다. 유행이라는 것도 따지고 보면 각 개체가 사회 내에서의 평균값에 도달하고자 하는 사회적인 태도의 결과일 수 있다. 그리고 그 평균값에서 벗어나 있으면 매도를 당하게 된다. 새로운 생각, 새로운 행동, 새로운 가치관은 기존 질서를 파괴하게 되므로 그러한 경향을 막아버리는 것, 이것은 바로 그 사회를 유지시켜 나가는 메커니즘의 하나인 것이다.

그러나 역설적으로 역사는 그러한 새로움을 통해서 발전해 왔다. 물론 선구자는 조롱과 매도를 당하면서. 새로운 학설, 새로운 사고방식, 새로운 개념은 항상 기존 사회를 흔들 수밖에 없다. 찰스 다윈의 진화론을 보자. 이전의 전통적인 생각은 하느님이 이 세상을 창조하고 여러 식물과 동물을 창조한 후, 인간을 창조하였다고 생각하였다. 물론 개혁적인 과학자들은 자연발생론 등으로 달리 생각한 경우도 있지만, 다윈의 진화론과 자연도태설은 그 이전의 많은 생각들을 뒤집는 결과를 낳았다. 그 이론의 옳고 그름을 떠나서, 다윈의 진화론은 그 당시의 많은 과학적인(?) 사고방식을 뒤집는 효과가 있었다.

이렇게 기존의 학설을 완전히 뒤집는 이론은 또 있었다. 사실 아인슈타인도 선구자 중의 한 사람이다. 그의 시대에는 물리학 이론이 뉴턴역학을 기반으로 하여 세워져 있었다. 어느 누구도 뉴턴의 역학에 의심을 품고 있는 사람은 없었다. 모든 물리학의 이론들은 뉴턴역학으로 표현되고 해석이 되고 있었다. 이러한 때에 '빛의 속도는 불변이다'라는 가설을 제시하고 물리이론들을 상대성이론으로 재해석하고자 하는 아인슈타인의 용기는 대단한 것이다. 다행히도 아인슈타인의 경우에는 실력 있는 과학자들이 즉시 그 내용을 이해하고 받아들여 주었기 때문에 커다란 낭패를 보는 일이 생기지 않았다. 단지 그의 이론을 실험적으로 확인하고자 하는 분위기가 형성되었던 것이다.

어찌 됐든 상대성이론은 뉴턴역학을 확대시키면서 물리법칙들을 새로운 사고방식으로 접하게 하는 패러다임의 변혁을 가져왔다. 이전의 뉴턴역학의 관점으로 보면 그야말로 엄청난 변화인 것이다. 세 번째 자기중심주의는 현대의 우주론에서 나타난다.

2. 빅뱅 이론과 우주론의 오류

허블의 우주관측

1929년에 허블은 우주를 관측하다가 흥미 있는 사실을 발견하였다. 먼 거리에 있는 은하들이 모두 지구로부터 멀어지고 있는 것을 발견한 것이다. 그리고 멀리 있는 은하일수록 멀어지는 속도가 거리에 비례해서 멀어지고 있었다. 이것은 실제로 은하들이 멀어지고 있는 것을 관측한 것이 아니라 그 은하에서 발하는 빛의 스펙트럼을 분석해서 얻은 결과이다.

그림에서 극대점이 나타나는 곳은 그 파장의 빛이 강하게 나오고 있다는 뜻이다. 스펙트럼은 여러 가지의 원소들이 내는 빛의 합성으로서, 특정파장에서 극대점이 있을 때는 그에 해당하는 원소가 그 은하에 다량 존재한다는 것을 뜻한다. 그런데 모든 은하들은 서로 비슷한 성분의 원소를 가지고 있다. 수소

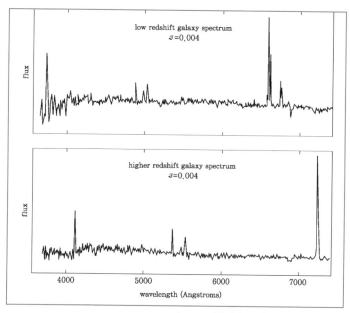

가 대부분이고 그 다음에 헬륨이 있고, 리튬 등 무거운 원소들이 소량의 퍼센트로서 섞여 있다. 그러므로 은하들이 내는 스펙트럼은 서로 비슷할 수 밖에 없다. 그리고 극대점이 되는 파장은 수소가 내는 스펙트럼일 수 밖에 없다. 따라서 각 은하들에서 오는 스펙트럼은 같은 파장에서 극대점을 가져야 한다.

그런데 허블이 관측한 바로는 극대점이 생기는 파장이 은하마다 조금씩 다르다는 것이다. 그것도 무질서하게 다른 것이 아니라 먼거리의 은하들일수록 그 편차가 커진다는 것이다.

그 편차는 먼 거리의 은하에서 오는 빛일수록 극대점이 일어나는 파장이 조금씩 길어진다는 것이다. 파장이 길어지는 것은 마치 파동이 늘어나는 것과 같다. 빛은 파장이 길어질수록 붉은색 쪽으로 가까워진다.

이렇게 빛의 스펙트럼이 붉은색 쪽으로 이동하는 것을 '적색편이(Redshift)'라고 한다. 적색편이가 일어나는 것을 무엇으로 설명할까? 허블은 도플러효과를 사용하였다. 도플러효과란, 관측자에게 다가오는 파동은 그 파장을 실제보다 짧게 관측하게 되고, 관측자로부터 멀어지는 파동은 그 파장을 실제보다 길게 관측하게 되는 것을 말한다.

소리의 경우, 파장이 짧아지면 진동수가 커지므로 높은 소리를 내게 된다. 반대로 파장이 길어지면 진동수가 작아지므로 낮은 소리를 내게 된다. 빛에 있어서도 빛을 내는 물체가 관측자에게 다가오는 경우는 파장이 짧아져서 진동수가 높아지고 청색 쪽으로 편이가 일어나고, 관측자로부터 멀어지는 경우에는 파장이 길어져서 적색 쪽으로 편이가 일어나게 된다는 것이다. 그리고 멀어지거나 가까워지는 속도가 클수록 편이가 일어나는 정도가 커진다.

허블이 관측한 바로는 은하들이 거리가 멀수록 그 거리에 비례해서 지구로부터 멀어지는 속도가 커진다는 것이었다. 허블은 그 관계식을 만들었다.

V = Ho d

> V: 은하의 후퇴 속도 Ho: 허블상수

> d: 지구로부터 은하까지의 거리

허블상수(Ho)의 값은 72±7(km/s)/Mpc이다. 1파섹(parsec)은 3.26광년의 거리이다. 이와 같이 은하들이 후퇴하는 속도는 그 거리에 비례해서 커진다.

여기서 재미있는 계산을 하나 해보자. 은하가 빛의 속도로 멀어지려면 그 거리는 얼마나 멀어야 할까? 빛의 속도는 3×10^8m/s이다.

d = V/Ho

= (300,000km/s)/(72km/s/Mpc)

= 4,167Mpc

= $13,583 \times 10^6$광년

= 135.83억 광년

약 140억 광년이다. 상대성이론에 의하면 빛보다 빠른 물질은 없으므로 이 거리 이상 떨어진 천체는 있을 수 없다. 이것이 현대의 우주물리학에서 말하는 우주의 크기인 것이다.

우주 팽창

허블의 관측은 천문학적으로 재미있는 이론을 낳았다. 모든 별이 지구로부터 멀어지고 있고, 그 별이 거리가 떨어져 있을수록 멀어지는 속도가 커진다는 것은, 아주 오랜 시간 전에는 별들간의 거리가 지금보다 서로 가까이 있었다는 것을 생각하게 하고, 그보다도 더 오랜 시간 전에는 그 별들이 모두 한 곳에 존재했을 것이라는 것을 추측할 수 있게 해준다.

1948년에 물리학자인 조지 가모브는 '우주 팽창론'을 제창하였고, 우주의 시초에 '빅뱅(big bang)'이 있었다고 하는 이론을 내었다. 약 140억 년 전에 우주의 한 점으로부터 거대한 에너지의 대폭발이 있었다. 이 폭발로 인해서 우주는 점점 커지고 에너지는 분산되면서 그 온도가 내려가게 되었다. 그리고 에너지가 냉각되면서 물질을 탄생시키고 그 물질들이 우주의 여기저기에서 뭉치고 자라면서 현재의 은하들을 형성하였다. 그리고 그 은하들은 지금도 서로 간에 멀어져 가고 있다. 우주가 계속 팽창하고 있는 것이다.

언젠가는 우주가 자체의 질량에 의한 만유인력으로 팽창이 멈추고 수축하기 시작할지도 모른다. 계속 수축하다가 '빅뱅'이 일어났던 점으로 회귀할지도 모른다. 아니면, 그 팽창 속도가 너무 크고 자체 질량이 그토록 크지 않아서 수축이 일어나지 않고 무한히 팽창할지도 모른다. 이미 이에 대한 연구도 진행이 되었고 그 결론은 무한히 팽창해가는 쪽으로 결론이 난 듯 하다. 여기에는 최근의 관측자료와 그에 대한 연구가 있다. 최근의 관측자료에 의하면 먼 거리의 은하가 팽창하는 속도는 거리에 비례하는 것이 아니라 그 이상으로 가속적으로 빨리 후퇴하고 있다는 것이다. 그리고 그 원인으로서 '암흑에너지(dark energy)'가 연구되고 있다. 아직 그 정의를 내리지 못한, 아직 그 성질이나 정체를 알지 못하는 무엇인가가 있어서 우주의 팽창을 가속시키고 있다는 것이다.

우주의 한계

은하가 멀어지는 속도가 그 은하의 거리에 비례해서 커진다는 허블의 관측은 다음과 같은 생각을 하게 해준다. '더 멀리 있는 은하가 더 빨리 후퇴해 간다면 아주 멀리 떨어진 은하는 빛의 속도에 가깝게 멀어지고 있을 것이다. 그리고 그 별보다 더 멀리 있는 별은 마침내 빛의 속도보다 더 빠르게 후퇴하고 있을 것이다……'

그런데 상대성이론에 의하면 빛보다 빠른 물질은 있을 수 없다. 여기서 우리는 선택을 해야 한다. 빛보다 빠른 물질은 존재할 수 없기 때문에 허블상수에 의해서 그와 같은 속도를 내는 거리가 우주의 한계라고 하는 것이 그 첫째이다. 그 거리는 대략 140억 광년 정도이고 140억 년의 시간이 우주의 나이라는 것이 현재 천문학에서의 정설이다. 둘째로는 별이 빛의 속도로 후퇴해 갈 경우 그 별에서 나오는 빛은 도플러효과에 의해서 파장이 길게 늘어지다가 마침내 파장이 너무 길어져서 파동의 성질이 없어지는, 다시 말해서 관측이 불가능해지는 것으로 생각할 수 있다.

이것은 하나의 가설일 뿐이다. 왜냐하면 물질이 빛보다 빠르게 움직일 수 있다는 가정하에서 성립하기 때문이다. 어찌 되었든, 우주의 한계는 140억 광년으로 생각되고 있다.

우주의 바깥

그런데 여기서 역사적인 사실을 생각해 보자. 옛날에는 지구가 둥글다고 생각하지 않았다. 배를 타고 한없이 나가다 보면 지구의 끝에 도달하게 되고 거기서는 천길만길의 낭떠러지로 떨어지는 것으로 생각하였다. 그러나 많은 해양 탐험과 경험, 그리고 그 시대의 학자들의 연구 결과, 지구는 둥글다는 사실을 알게 되었던 것이다.

또 있다. 천동설과 지동설의 이야기이다. 유럽의 중세 무렵까지도 천체는 지구를 도는 하나의 장식물로만 생각하였지 지구도 하나의 작은 행성으로서 태양을 돌고 있다는 것은 그 누구도 상상도 하지 못하고 있었다. 갈릴레오 갈릴레이가 천체를 관측하고 행성들의 궤도를 계산하여 본 후, 지구가 태양둘레를 돌고 있는 것이라는 지동설을 발표하고서도 한참 동안 천동설이 정설이 되어왔다.

자, 이제 다시 본론으로 돌아와 보자. 140억 광년의 우주의 한계라는 것은 사실일까? 결론부터 말하자면 '그렇다면 그 바깥은 무엇이냐?'이다. 상대성이론에서도 모든 운동은 상대적이라는 것이 있다. 자기 자신을 세상의 기준으로 생각하고 자기 자신을 판단의 척도로 생각한다면 그것은 오류라는 것은 앞에서도 설명한 바이다. 상대방은 상대방대로 그 자신의 기준을 가지고 있을 것이기 때문이다.

그런데 우주의 한계라는 것은 나를 중심에 놓았을 때 가능한 용어이다. 천문학의 수많은 연구 중 하나로서 우주의 등방성이라는 것이 있다. 지구를 중심으로 할 때 우주는 전후좌우 또는 상하의 구분 없이 고르게 분포되어 있다는 것이다. 우주의 어느 방향을 보더라도 그 끝은 140억 광년의 거리에 있다는 뜻이다. 명실공히 나는 우주의 중심에 있다고 해도 과언이 아니다.

'나는 우주의 중심이다! 이 얼마나 놀라운 일인가? 나의 자존심을 한껏 부풀려도 되겠다.' 그러나 이러한 자존심은 또 얼마나 덧없는 것인가? 우리는 위의 '지구 모형론'이나 '천동설과 지동설'에서 본 바와 같이 자기중심주의를 깨트리면서 발전해 왔다. '내가 중심이다'라는 관념을 깨트릴 때 일보 앞으로 나아 갈 수 있게 되는 것이다. 우주의 한계, 그 끝에 있는 상대방은 나에게 있어서는 그야말로 변방에 있는 사람이 될 것이다.

그러나 그 상대방의 입장에서 보면 어떨까? 상대방은 그 자신이 우주의 중심에 있다고 생각할 것이다. 그에게는 나와 똑같이 140억 광년의 반지름을 갖는 우주가 있을 것이다. 그는 나를 우주의 변방에 있는 것으로 생각할 것이다. 그리고 그에게는 나와 우주 반대편에 또 다른 변방을 가지고 있을 것이다. 그의 변방은 나에게는 우주 반지름의 두 배인 280억 광년이 되는 거리에 있을 것이다. 그리고 그의 변방에 있는 제3의 존재는 또다시 제3의 존재가 중심이 되는 우주를 가지고 있을 것이고, 그 거리는 나로부터는 우주의 반지름의 세 배인 420억 광년의 거리에 있을 것이다. 그리고 제3의 존재가 중심이 되는 우주의 반대편 한계에는……. 이렇게 해서 우주는 무한해진다. 우주의 한계는 없는 것이다.

그러면 어째서 허블의 관측이 가능한 것일까? 어떻게 해서 먼 거리의 별은 적색편이를 보이고, 어떻게 해서 별들은 거리가 멀수록 그 후퇴속도가 거리에 비례해서 커지는 것으로 관측이 되는 것일까? 우리는 다음의 절에서 한 가지 가능한 설명을 볼 수 있다.

우주먼지의 광자 에너지 흡수

우주 전체의 밀도는 $1 \times 10^{-31} g/cm^3$ 정도이다. 그리고 대부분의 물질은 은하계의 구성물질로 존재한다. 이 값은 우주 내의 모든 물질들, 즉 모든 은하와 그 안의 천체들을 우주에 고르게 분산시켰을 때의 값이다. 이 값은 $1cm^3$의 공간에 수소원자 하나가 있는 정도이다.

은하계와 은하계 사이의 빈 공간은 거의 비어 있는 진공이다. 하지만 완벽한 진공은 아니고 아주 미량이긴 하지만 물질이 존재한다. 그 물질은 대부분 수소원자가 전리한 상태의 이온과 전자이다. 이러한 우주먼지가 바로 허블의 관측을 가능하게 해주는 역할을 한다.

현대의 입자물리학은 고속의 입자를 만들어서 다른 물질들과 충돌을 일으키고 그 충돌에서 생기는 현상을 연구하는 것이

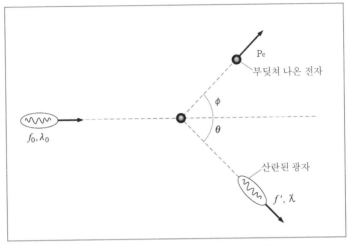

산란된 광자

f', λ

그림 1 – 3: 콤프턴 효과

다. 그들의 연구에 의하면 전자기파는 콤프턴 충돌에서와 같이 다른 입자와 충돌하면서 에너지의 일부를 내어 놓는다.

또한 전자기파는 다른 전자기파와 상호작용을 하기도 한다. 감마선과 같은 고에너지의 전자기파는 서로 충돌하면 에너지를 잃으면서 입자를 생성하기도 한다. 마찬가지로 멀리 있는 별에서 나온 빛은 우주 공간을 날아오면서 우주 공간에 흩어져 있는 우주먼지와 충돌을 하게 될 것이다. 그리고 충돌을 할 때마다 에너지를 조금씩 잃게 될 것이다.

우주 공간에 우주먼지가 고르게 분포되어 있다면 별빛이 잃어버리는 에너지의 양은 날아오는 거리에 비례하게 될 것이다. 빛의 에너지는 E = hv(E: 에너지, h: 플랑크 상수, v: 진동수)에서와 같이 진동수에 비례한다. 에너지를 잃을수록 진동수가 작아지고, c = λv(c: 빛의 속도, λ: 파장, v: 진동수)에 의해서 빛의 파장은 진동수에 반비례해서 길어진다. 이것이 허블이 관측한 적색편이이다. 즉, 우주 공간의 별들이 팽창하면서 멀어지지 않더라도 에너지 흡수에 의해서 적색편이는 일어날 수 있다.

chapter 2

상대성이론과 오류 증명

1. 상대성이론의 이해

아인슈타인의 상대성이론이라는 말은 모르는 사람이 없을 정도로 현대물리학뿐만 아니라, 일반적으로 쓰이는 말이다. 그런데 상대성이론이란 무엇일까? 이에 대해서는 의외로 많은 사람들이 정확히 알고 있지 않다. 상대성이라는 말로부터 무언가 어렴풋이 연상하는 정도인 것 같다. 서로 상대적이라는 것은 알겠는데 무엇과 무엇이 상대적이라는 말인가는 잘 모르는 것 같다. 또한 빛의 속도와 관련이 있는 것은 아는데, 어떻게 관련이 지어지는지에 대해서는 정확히 알지 못한다. 과연 무엇과 무엇이 상대적이라는 것인가?

이것은 결론부터 말하면, 이 세상에는 절대적인 기준이 없다는 것이다. 우주가 텅 비어 있고, A와 B라는 두 사람만 존재하며, 둘이 서로 일정한 속도로 다가가고 있다고 가정하자. 그러면 A는 자기가 정지해 있고 B가 다가오고 있다고 생각할 것이고, B는 자기가 정지해 있고 A가 다가오고 있다고 생각할 것이다. 두 사람의 생각은 서로 모순되지만 둘 중에 누가 틀렸다고 확인할 방법이 없다. 즉, A도 옳고 B도 옳은 것이다. 왜냐하면 이 우주에는 누가 움직이고 있다고 판별해 줄 수 있는 기준이 없기 때문이다. 단지 A는 B를 기준으로 할 때 얼마의 속도로 움직이고 있다거나, B는 A를 기준으로 할 때에 얼마의 속도로 움직이고 있다고 표현할 수 있을 뿐이다.

이렇게 'A는 B를 기준으로 할 때에 상대적으로 얼마의 속도로 움직이고 있다'는 표현에서 보는 바와 같이 상대적인 속도만을 말할 수 있다. 이러한 상대성은 우주가 현재와 같이 천체들로 채워져 있는 상태에서도 똑같이 적용된다. 이렇게 상대성이라는 개념은 상호작용을 하는 두 물체간의 물리현상을 설명하기 위해서 임의로 기준을 설정해야 하는 상황을 말하는 것이다.

다음으로 빛의 속도는 어떠한 의미를 갖고 있는지 살펴보자. 빛의 속도는 아주 빠르지만 무한한 속도는 아니다. 빛의 속도는 대략 300,000km/s의 속도라는 것은 이미 관측된 사실이다. 그러면 빛의 속도의 반의 속도로 빛을 따라가면서 빛의 속도를 측정하면 얼마로 관측하게 될까? 아마도 상대성이론을 모르는 사람이라면, 빛의 속도의 반으로 따라가면서 측정하는 것이니까 당연히 150,000km/s일 것이라고 생각할 것이다. 그러나 상대성이론에 의하면 빛의 속도는 그 빛을 관측하는 사람의 속도에 관계없이 300,000km/s라는 것이다. 그야말로 모순적인 이야기이다. 그러나 현대물리학에서는 이러한 모순적인 이야기를 정설로 받아들이고 물리학에 적용을 하고 있다.

이렇게 위에서 말한 '물체운동의 상대성'과 '빛의 속도의 절대성'을 조합한 이론틀을 상대성이론이라고 하는 것이다. 이 이론틀은 현재 전자기학이나 천체물리학, 입자물리학 등 다양한 분야에 적용되어 매우 높은 속도를 가지고 일어나는 물리현상을 설명하는 데에 사용되고 있다. 그리 높지 않은 속도에서는 기존의 뉴턴역학으로 잘 설명이 된다. 그러나 높은 속도를 가지고 일어나는 물리현상은 상대성이론을 적용해야 한다고 한다.

이처럼 상대성이론을 적용할 경우 각각 상대론적 전자기학, 상대론적 천체물리학, 상대론적 입자물리학 등으로 불린다. 그러면 이러한 상대성이론은 어떻게 해서 생겨났으며 시간과 공간의 해석에 어떻게 영향을 미치는지, 그리고 어떠한 특징들을 가지고 있는지를 하나하나 살펴보기로 한다.

2. 탄생 배경

    1687년대에 뉴턴에 의해서 고전물리학의 기초가 세워졌다. 뉴턴의 제1법칙인 관성의 법칙과 제2법칙인 가속도의 법칙, 그리고 제3법칙인 작용 반작용의 법칙을 기본으로 근대 물리학이 발전하기 시작한 것이다. 그 후 수많은 과학의 발전이 있었다. 1860년대에 맥스웰은 전자기학의 기초가 되는 다음과 같은 맥스웰 파동방정식을 정립했다.

$$\oint E \cdot dA = Q/\varepsilon^{\circ}$$

$$\oint E \cdot ds = -d\emptyset_{B}/dt$$

$$\oint B \cdot dA = 0$$

$$\oint B \cdot ds = \mu^{\circ}I + \varepsilon^{\circ}\mu^{\circ}d\emptyset_{E}/dt$$

E: 전기장 B: 자기장 A: 면적 Q: 전하량 I: 전류

μ°: 투과율 ε°: 유전율

위의 식으로부터 전자기파의 속도 $c = 1/(\varepsilon\mu)^{0.5}$가 유도된다. 진공에서의 빛의 속노는 3.00×10^8m/s이다. 이 속도는 물리상수 ε(유전율)과 μ(투과율)로부터 계산이 되는 값으로서 변하지 않는 값이다. 맥스웰은 전자기파가 진공을 전파해 나가기 위해서는 매질(media)이 필요할 것으로 생각하고, 아직 확인되지 않은 미지의 물질인 '에테르(ether)'라고 하는 매질을 가설로서 제안하였다. 소리는 공기를 매질로 하여 전달이 되고, 수면파는 물을 매질로 하여 전달이 되며, 지진파는 지구 내의 물질을 매질로 하여 전파되듯이 전자기파도 그 파동이 전달되기 위해서는 매질이 필요할 것으로 생각을 한 것이다. 그리하여 물리학자들은 에테르의 존재 여부를 확인하고자 하였으며, 그러한 활동 중 대표적인 것이 바로 마이켈슨－몰리 실험이다.

마이켈슨－몰리 실험

1887년 미국의 물리학자인 마이켈슨(Albert A. Michelson)과 몰리(Edward W. Morley)는 우주 공간에 '에테르(ether)'라는 물질이 있어서 빛과 같은 전자기파동이 전파해가는 데에 매질의 역할을 하고 있다고 생각하고 그 존재를 증명하고자 실험을 하였다. 에테르가 우주 공간에 가득 차 있다면, 실험장치가 에테르 속으로 빠른 속도로 나아갈 때에는 빛이 에테르를 타고 진행하는 장치가 움직이는 속도만큼 빛의 속도가 늘어나거나 줄어들 것으로 예상이 되므로 그 늘어나거나 줄어드는 현상을 측정하고자 한 것이다. 이것은 다음 페이지의 그림과 같이, 흐르는 강물에서 강을 가로질러서 왕복을 하는 데에 걸리는 시간과 강물을 타고 내려갔다가 강물을 거슬러 올라오는 데에 걸리는 시간은 차이가 나는 것과 같은 이치이다.

강물이 흐르는 속도를 v라 하고, 보트가 나가는 속도를 u라고 하자. 강물을 가로질러서 왕복을 하려면 강물의 흐름 때문에 보트가 아래로 떠내려감을 방지하기 위하여 보트의 방향은 약간 강의 상류 쪽으로 향해야 한다. 그래야 보트는 강의 흐름에 대하여 수직방향으로 나아갈 수 있다. 결과적으로 실제의 보트의 속도는 보트 자체의 속도인 u보다 약간 줄어들게 된다. 보트의 겉보기 속도는, 강물의 속도 v 와 보트자체의 속도 u로부터 피타고라스의 정리에 의해서 $(u^2 - v^2)^{0.5}$ 가 될 것이다. 따라서 강의 너비가 L이라고 하면, 왕복하는 데에 걸리는 시간은 다음과 같이 될 것이다.

$$2L/(u^2 - v^2)^{0.5}$$

L: 강의 너비 u: 보트의 속도 v: 강물의 속도

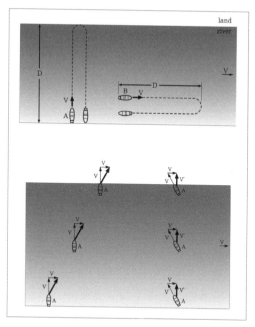

그림 2-1: 강을 보트가 건너가는 그림

한편 강물의 흐름과 평행하게 왕복을 하는 경우에는, 강물을 타고 흘러내려갔다가 강물을 거슬러서 되돌아와야 한다. 강물을 타고 내려가는 경우에는 보트의 속도가 강물의 속도만큼 늘어나게 되므로 보트의 겉보기 속도는 (u+v)가 될 것이다. 이 경우 보트가 거리 L만큼 나아가는 데 걸리는 시간은

L/(u+v)

가 된다. 그리고 강물을 거슬러서 되돌아올 때는 강물의 흐름 때문에 그 속도가 느려지며, 보트의 겉보기 속도는 $(u-v)$가 된다. 보트가 거리 L만큼 거슬러서 되돌아오는 데 걸리는 시간은

$$L/(u-v)$$

가 된다. 따라서 왕복하는 데에는

$$L/(u+v)+L/(u-v) = 2Lu/(u^2-v^2)$$

의 시간이 걸린다. 이와 같이 강을 가로질러서 강의 너비 L을 왕복하는 데에 걸리는 시간 $2L/(u^2-v^2)^{1/2}$은 강물의 흐름과 평행하게 거리 L을 왕복하는 데에 걸리는 시간 $2Lu/(u^2-v^2)$과 차이가 난다.

따라서 이러한 실험을 빛을 가지고 지구상에서 실제로 한다면, 지구가 공전하는 속도를 강물이 흐르는 속도로 하여, 시간 차이가 나는 것을 확인하게 될 것이다 그리고 왕복 시간의 차이가 난다는 것은 에테르라는 전자기파의 매질이 존재한다는 증거가 될 것이다.

그런데 놀랍게도 실제 실험에서는 시간의 차이가 측정되지 않았다. 다시 말해서 강을 가로질러서 왕복하는 데에 걸리는

시간과 강물의 흐름과 평행하게 왕복하는 데 걸리는 시간이 동일한 것으로 실험결과가 나온 것이다. 그리하여 물리학자들은 에테르라는 전자기파의 매질은 없는 것으로 판정하였다. 왜냐하면 에테르가 있다면 위에서 설명된 바와 같이 왕복시간에 차이가 있어야 하기 때문이다. 마이켈슨－몰리의 실험은 실제로 강 위에서 보트를 가지고 한 것이 아니다.

실제의 실험은 다음과 같이 강물의 흐름은 지구가 태양을 공전하는 것을 이용하였고, 보트의 대신으로 빛을 이용하였으며, 실험장치는 아래의 그림과 같다.

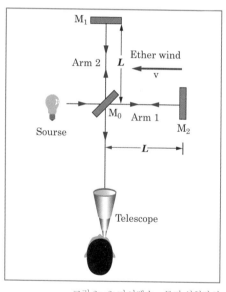

그림 2－2: 마이켈슨－몰리 실험장치

실험장치는 광원, 반투과거울, 전반사거울, 그리고 광간섭계로 구성되어 있다. 광원에서 나온 빛은 반투과거울을 거치면서 반은 직진하고 나머지 반은 90° 반사되어 각각 전반사거울로 진행한다. 진행하는 거리는 양쪽 방향이 서로 똑같도록 장치된다. 전반사거울에서 반사된 각각의 빛은 되돌아 와서 반투과거울을 거치면서 두 방향으로 갈라졌던 빛이 합치게 된다. 합쳐진 빛은 광간섭계로 들어가게 된다. 이때 빛이 진행한 거리가 일치하면 빛은 광간섭계에서 특정한 간섭무늬를 만든다.

지구는 태양을 공전하고 있으며 그 속도는 3×10^4 m/s이다. 위에서 말한 두 방향은 하나(A)는 지구의 적도와 평행한 방향으로 하고, 다른 하나(B)는 지구의 북극과 남극을 지나는 방향으로 배치를 해놓으면, 'A' 방향으로 왕복하는 빛은 전반사거울로 갈 때는 에테르를 거슬러서 진행하게 되고, 반투과거울로 되돌아올 때는 에테르가 떠내려가는 방향으로 진행하게 될 것이다. 에테르를 거슬러서 진행하는 경우 지구에서 측정하는 빛의 속도는 에테르를 통해서 빛이 진행하는 속도 c보다 지구 진행 속도 V만큼 느린 (c−V)로 관측될 것이다. 그리고 에테르가 떠내려가는 방향으로 빛이 진행할 때에는 V만큼 빠르게 (c+V)로 관측이 될 것이다.

한편, 지구 공전방향과 수직으로 빛이 진행할 경우에는 빛이 전반사거울에 도달하기 위해서는 지구의 진행속도만큼 앞으로 기울어진 방향으로 진행해야 하므로 빛의 수직 방향 속도는 피타고라스 정리에 의해서 $(c^2 - V^2)^{1/2}$의 속도를 갖게 될 것이다. 따라서 적도방향으로 왕복하는 경우에 걸리는 시간은 다음과 같다.

$$T1 = L/(c - V) + L/(c+V)$$
$$= 2Lc/(c^2 - V^2)$$
$$= 2L/[c \times (1 - V^2/c^2)]$$

T1: 평행방향으로 왕복 시간 L: 빛의 진행 거리

c: 빛의 속도 V: 지구 공전 속도

한편, 적도 방향에 수직으로 왕복하는 경우는 다음과 같다.

$$T2 = 2L/(c^2 - V^2)^{1/2}$$
$$= 2L/[c \times (1 - V^2/c^2)^{-1/2}]$$

T2: 수직방향으로 왕복 시간

이와 같이 T1과 T2가 일치하지 않으므로 광간섭계로 들어오는 빛은 간섭무늬를 만들지 않아야 한다. 그러나 실험 결과는 오차 없이 간섭무늬를 만들어내는 결과를 내었다. 따라서 빛의 매질인 에테르는 없는 것으로 판정을 한 것이다.

그러면 에테르가 없다고 하면 어떻게 빛의 왕복 시간에 차이가 없는 것을 수식적으로 설명할 수 있을까? 로렌츠(Lorentz)는 맥스웰 방정식을 제대로 이해하기 위해서는 공간의 수축을 가정해야 한다고 제안하였다. 어떤 사물이 v의 속도로 움직일 때에는 공간이 그 진행 방향으로 수축되어야 한다는 것이고, 그 수축되는 정도는 $(1 - v^2/c^2)^{-1/2}$의 값에 비례한다는 것이다.

로렌츠의 거리 수축 공식:
$$L = L' \times (1 - v^2/c^2)^{1/2}$$

여기서 $1/(1 - v^2/c^2)^{1/2}$의 비율을 γ 라고 한다. 이 공식을 위의 시간 계산에 사용하면,

$$T2 = 2L/[c \times (1 - V^2/c^2)^{-1/2}]$$
$$= 2[L' \times (1 - V^2/c^2)^{1/2}]/[c \times (1 - V^2/c^2)^{-1/2}]$$
$$= 2L/[c \times (1 - V^2/c^2)]$$

가 되어서 T1과 T2가 서로 같게 된다. 이와 같이 상대성이론이 발표되기 전에 벌써 공간 수축의 개념이 나오게 되었던 것이다.

3. 특수상대성이론과 오류 증명

특수상대성이론은 두 가지의 기본 가설을 그 바탕으로 하고 있다. 첫째는, 특수상대성원리로서 물리학의 법칙들은 서로 등속도 운동을 하고 있는 모든 좌표계에서 동일하게 적용된다는 것이다. (The principle of relativity: All the laws of physics have the same form in all inertial reference frames.)

두 관측자가 서로 다른 속도로 움직일 때, 관측자 A는 자기 자신은 정지해 있고 관측자 B가 움직이고 있다고 관측을 하고, 관측자 B는 반대로 자기 자신이 정지해 있고 관측자 A가 움직이고 있다고 관측을 한다. 두 관측자 중 누가 운동 상태에 있고 누가 정지해 있는가를 판단해 줄 아무런 기준이 없는 것이다. 이때 각 관측자가 관측하는 사건은 각각의 좌표계에서 서로 간에 아무런 모순 없이 물리법칙으로 그 사건을 해석할 수 있다. 이것은 고전물리학에서도 적용해 오던 내용을 명문화한 것이다.

　둘째는, 광속도 불변의 원리로서 자유공간에서 빛의 속도는
광원이나 관측자의 운동 상태에 관계없이 모든 관측자에게 동
일하게 관측된다는 것이다. (The constancy of the speed of light:
The speed of light in vacuum has the same value, c = 3.00×10⁸ m/
s, in all inertial frames, regardless of the velocity of the observer or
the velocity of the source emitting the light.)

　이것은 아인슈타인의 도전적이면서도 혁신적인 사고방식이
다. 뉴턴의 관성계에서는 Va로 이동 중인 관측자 A가 빛의 속
도를 c로 관측하였다면, Vb로 이동 중인 관측자 B는 빛의 속도
를 (c − Vb+Va)로 관측하게 될 것으로 믿는다. 그러나 상대성
이론에서는 Va의 속도로 이동하는 관측자 A나 Vb로 이동하는
관측자 B 모두 빛의 속도는 c로 관측하게 된다는 것이다. 고전
물리학의 관점에서 보면 터무니 없고 비상식적인 것이다.

　그러나 아인슈타인의 시대에는 그것을 받아들여야 할 이유
가 있었다. 첫째로 맥스웰의 전자기파 파동방정식에서 계산되
는 전자기파의 속도는 상수이기 때문이다. 맥스웰 방정식은
그 시대에 전자기학의 기초를 세워주는 이론이었고, 그 방정식
으로 수많은 전자기적인 현상이 설명되었기 때문에 맥스웰 방
정식은 옳바른 것으로 이해되어야 했다. 그런데 그 방정식으
로부터 전자기파, 곧 빛의 속도는 일정한 것으로 결정이 되므

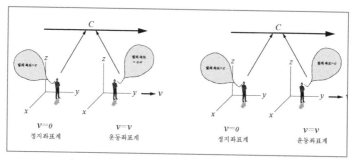

그림 2 – 3: 다른 속도의 두 관측자가 빛의 속도를 다르게 관측하는 그림과
같은 속도로 관측하는 그림

로 이 결과를 이해할 수 있는 방법이 필요했다. 그리고 또한 전
자기파의 매질로서 에테르(ether)를 가정하기도 했던 것이다.

둘째로 에테르를 확인하고자 했던 실험인 마이켈슨-몰리
실험도 상대성이론의 제2가설을 지지해주는 데에 한몫을 했
다. 지구 공전 속도가 빛의 속도에 전혀 영향을 주지 않는다는
실험 결과는 빛의 속도가 관측자의 속도에 무관하게 항상 일정
하다는 것을 더욱 믿을 수 있도록 하였다.

이렇게 빛의 속도가 일정하다고 또는 일정해야만 했기 때문
에, 빛의 속도가 불변이 되도록 하기 위해서는 기존의 뉴턴역
학을 뛰어넘는 해석을 해야만 했다. V의 속도로 이동하는 관측
자의 좌표계는 다음의 공식에 의해서 이동방향으로 수축이 일
어나야 하고,

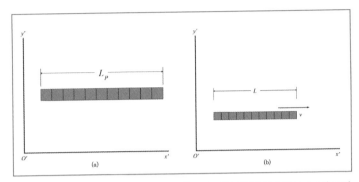

그림 2 – 4: 이동 방향으로 공간이 수축한 그림

$$L = L^\circ \times (1 - v^2/c^2)^{0.5}$$
$$= L^\circ / \gamma$$

시간도 느려지며,

$$t = t^\circ / (1 - v^2/c^2)^{1/2}$$
$$= \gamma \, t^\circ$$

질량도 커지게 된다.

$$m = m^\circ / (1 - v^2/c^2)^{1/2}$$
$$= \gamma \, m^\circ$$

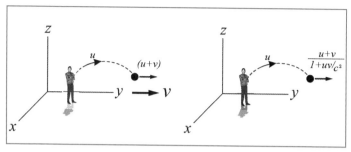

그림2-5: 속도가 합해지는 그림. 뉴턴 방식과 아인슈타인 방식

그리고 기차에서 공을 던질 때 공의 속도는 기차 내에서의 공의 속도(v)와 기차 속도(U)를 합하듯이 두 속도를 합할 때에도 ($v+U$)로 되는 것이 아니라, 다음의 공식으로 합해진다.

$$V = (v+U)/(1+vU/c^2)$$

위의 식들에서 보는 바와 같이 각각의 공식은 $(1-v^2/c^2)^{-0.5}$의 인자를 갖고 있는데, 물리학에서는 이것을 간편하게 γ 로 나타낸다.

$$\gamma = (1-v^2/c^2)^{-1/2}$$

상대성이론이라고 하는 것은 이와 같이 두 개의 가설로부터 시작해서 이 세상, 이 우주 내에서 일어나는 모든 물리현상은 상대성이론에 의해서 해석해야 한다는 것이다. 물론 근사값으로 만족하려면 기존의 뉴턴역학으로 해석해도 되지만, 정확한 물리해석을 위해서는 반드시 상대성이론을 적용해야 한다는 것이다.

빛의 속도가 관측자의 속도에 무관하게 일정하다는 가설은 공간을 휘어진 것으로 해석하게 하고, 시간을 굴절시키며, 속도를 다르게 관측하게 하고, 질량을 변하게 만든다. 그래야만 정확한 값을 구할 수 있다는 것이다. 특수상대성이론의 두 개의 가설 중에서 첫 번째 가설은 '모든 물리학의 법칙들은 서로 **등속도 운동을 하고 있는 모든 좌표계에서 동일하게 적용된다**'는 것인데, 이것은 이해하기가 쉽다. 또한 이전의 물리법칙과도 통하는 것이다. 즉, 이 세상에 절대적인 기준은 없다는 것이다.

두 물체 A와 B가 서로 다가갈 경우, A라는 물체에서는 B라는 물체가 자신에게 다가오는 것으로 관측할 것이다. 왜냐하면 자기 자신이 움직이고 있다는 자각을 할 만한 기준이 없기 때문이다. 이 세상 모든 물체가 움직이고 있고 자신은 정지해 있다고 해도 틀리다고 할 근거가 없다. 한편 B라는 물체는 자기 자신은 정지해 있고 A라는 물체가 자기에게 다가오고 있다고 관측할 것이다. 이렇게 절대기준이 없는 상태에서는 각자가 상대적으로 관측할 수밖에 없는 것이다.

이것은 뉴턴역학에서도 적용하는 과학적인 가설이다. 새로운 것은 빛의 속도의 불변성이다. '자유공간에서 빛의 속도는 광원이나 관측자의 운동 상태에 관계없이 모든 관측자에게 동일하게 관측된다'는 제2의 가설은 가히 혁명적인 것이다. 이 가설이 상대성이론의 핵심이다.

상식적으로는 달리는 기차 안에서 공을 던지면 공의 속도는 기차 안에서의 공의 속도와 기차 속도의 합으로 나타난다고 생각하게 된다. 그러나 아인슈타인은 두 속도의 합은 산술적인 합이 아니라는 것이다. 위에서 보인 $\gamma = (1 - v^2/c^2)^{-1/2}$의 인자를 고려해서 가감해야 한다. 이로부터 앞에서 설명한 공간, 시간, 질량에 대한 변환이 일어나게 되는 것이다.

동시성과 시간의 상대성

고전적인 뉴턴역학에서는 시간이라는 개념은 그야말로 상식적이고 기본적인 것이었다. 즉, "절대적이고, 사실적이며, 수학적인 시간은 그 자체로서, 그리고 그 본성으로서 외부의 간섭이 없이 누구에게나 동일하게 흐른다"고 뉴턴 자신이 묘사하였듯이, 뉴턴이나 같은 시대의 과학자들은 동시성을 당연한 것으로 여겼다. 그러나 아인슈타인은 특수상대성이론을 발표하면

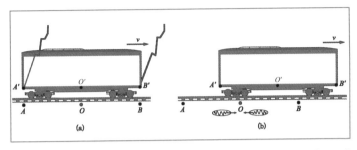

그림 2−6: 기차가 달릴 때, 기차 앞부분과 뒷부분에서 발사되는 빛을 관측하는 그림

서 이것을 부정하였다. "시간 간격의 측정은 그 측정이 행하여
지는 좌표계의 속도에 종속된다"고 아인슈타인은 설명하였다.
앞 절의 시간 변환 공식에 따라 시간 간격의 측정은 측정하는
관측자의 좌표계 속도에 따라 다르게 측정이 된다는 것이다.

위의 그림에서 보듯이, 기차 안의 한가운데에서 관측하는 관
측자 A는 빛이 기차 앞부분과 뒷부분에서 동시에 발사된 것으
로 관측할 것이다. 왜냐하면, 우선 빛의 속도는 앞에서 오든지
뒤에서 오든지 그 속도가 변함없이 c이다. 그래서 기차 앞부분
에서 발사된 빛이 관측자에게 오는 데 걸리는 시간과 기차 뒷
부분에서 발사된 빛이 관측자에게 오는 데 걸리는 시간은 빛의
진행 거리가 같다면 동일하기 때문이다.

한편 기차 바깥에서 관측하는 관측자 B에게는 기차 앞부분
에서 발사된 빛이 기차 뒷부분에서 발사된 빛보다 먼저 기차

안의 관측자 A에게 도달한 것으로 관측할 것이다. 왜냐하면, 기차 앞부분에서 오는 빛이나 기차 뒷부분에서 오는 빛이나 그 속도는 c로서 변함이 없지만, 기차 앞부분에서 발사된 빛이 관측자 A에게 오는 동안 기차가 앞으로 이동하기 때문에 빛이 진행해서 관측자 A에게 오는 거리가 줄어들기 때문이다. 반면 기차 뒷부분에서 발사된 빛은 관측자 A에게 오는 동안 기차가 앞으로 이동하므로 빛이 관측자 A에게 진행해가는 거리가 늘어나기 때문에 관측자 A에게 도달하려면 더 긴 시간이 필요하다.

이 사고실험(思考實驗)에서 핵심은 빛의 속도가 관측자의 속도와 무관하게 일정하다는 것이다. 뉴턴역학적으로 보면 기차 앞부분에서 발사된 빛이 기차 안의 관측자 A에게 진행해 오는 속도가 관측자 A를 기준으로 해서 c라면, 기차 바깥의 관측자 B에게는 빛의 속도가 (c+기차 속도)이거나 (c − 기차 속도)이어야 할 것이다. 그렇다면 관측자 A에게나 관측자 B에게나 동일한 시간이 걸리게 되어 아무 문제 없이 동시성이 유지된다.

그런데 빛의 속도가 관측자의 속도에 무관하게 일정하다는 상대성이론의 제2가설에 의해서 기차 바깥의 관측자 B에게도 빛의 속도가 c로서 불변하게 된다. 그렇기 때문에 기차의 이동 때문에 생긴 빛의 진행거리의 차이가 동시성을 부인하게 만드는 것이다. 다시 말해서 관측자 A는 기차 앞과 뒤의 사건이 동시에 일어난 것으로 관측하는 반면, 기차 바깥의 관측자 B는 기차 앞과 뒤에서 일어난 사건은 동시에 일어난 것이 아니라고 관측한다.

그러면 관측자 A와 관측자 B 중에서 누가 옳고 누가 그른가? 상대성이론에 의하면 정답은 두 관측자 모두 옳다는 것이다. 결국 어떤 사건이 동시에 일어났다든지 동시가 아니라든지 하는 것은 의미가 없다. 어떤 사건이 일어난 것을, 그 사건이 일어난 좌표계와 비교해서 얼마만 한 속도로 이동하면서 관측하였는가가 중요한 것이다. 이러한 역설은 절대적인 시간이란 존재하지 않고 시간은 다만 상대적일 뿐이란 것을 말해준다.

시간지연과 뮤온의 수명

뮤온은 불안정한 상태의 소립자이다. 이 소립자는 전자와 같은 전하량을 갖고 있고, 질량은 전자의 207배이다. 뮤온은 우주로부터 날아오는 우주선(Cosmic ray)이 지구대기 상공으로 떨어지면서 지상 수천 미터 높이의 상공에서 지구대기와 충돌하면서 자연적으로 생기는 입자이다. 이 소립자는 붕괴해서 전자와 뮤온 뉴트리노, 그리고 반물질인 반－전자뉴트리노의 세 가지 소립자로 바뀐다.

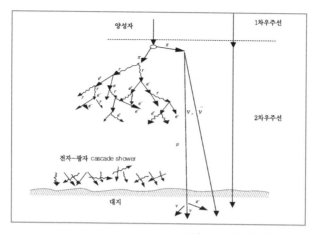

그림 2 - 7: 뮤온의 생성과 낙하

$\mu^- \rightarrow e^- + v_\mu + \text{anti}^- v_e$

μ^-: 뮤온 e^-: 전자 v_μ : 뮤온뉴트리노

$\text{anti}^- v_e$: 반 - 전자뉴트리노

뮤온의 수명은 정지해 있을 경우 약 2.2 μs 정도밖에 안 된다. 만일 이 입자가 빛의 속도로 날아간다고 해도 650m 정도 날아가면 자연붕괴해 버리게 되는 수명이다. 그러므로 수천 미터 상공으로부터 지표면까지 날아올 수는 없는 것이다.

그러나 실제로 지표면에 있는 실험실에서 뮤온이 검출된다. 이것은 뮤온의 수명이 연장되었다고 하지 않으면 설명이 되지 않는 일이다. 연장되는 시간을 계산해보자. 시간은

$$t = t°/(1 - v^2/c^2)^{1/2}$$

의 공식으로 연장된다. 여기서 t°는 정지했을 때 수명이다. 뮤온의 속도를 0.99c라고 가정하면, $\gamma = [1 - (0.99c)^2/c^2]^{-1/2}$ = 7.1이므로 수명은 t = 2.2×7.1μs = 15.62μs로 연장된다. 뮤온이 0.99c의 속도로 15.62μs 동안 날아가면 그 거리는 0.99× 300,000km/s×15.62μs = 4686m가 된다. 대략 대기 상공의 높이이다. 또한, 입자가속기 내에서는 뮤온의 속도를 0.9994c까지 높여서 실험할 수 있는데, 마찬가지의 결과가 나온다. 따라서 이러한 결과들은 상대성이론의 시간 연장의 증거가 된다.

거리 수축 및 '거리 수축의 역설'

앞의 2장 3절에서 본 바와 같이, 공간상의 거리는 $(1 - v^2/c^2)^{1/2}$의 비율로 속도에 따라 수축한다. 속도가 제로이면, 다시 말해서 정지하고 있는 관측자가 정지해 있는 물체의 길이를 측정할 때에는 수축이 일어나지 않은 본래의 물체의 길이를 측정하게 된다. 이 길이를 '정지 길이'라고 한다. 그리고 정지해 있는 관측자가 v의 속도로 이동하고 있는 물체를 관측하거나, 정지해 있는 물체를 v의 속도로 이동하는 관측자가 물체의 길이를 측정할 때에는 $(1-v^2/c^2)^{1/2}$의 비율로 수축을 하게 된다는 것이다. 이 비율은 앞에서 설명한대로 γ라고 한다. 여기서 정지길이를 L°이라 하면, 운동방향으로의 길이 L은

$$L = \gamma\ L^\circ$$
$$= L^\circ \times (1-v^2/c^2)^{1/2}$$

과 같이 수축하게 된다.

이러한 개념으로부터 또 하나의 재미있는 역설을 살펴 볼 수 있다. 어떤 사람이 길이 20m의 장대를 길이 10m의 창고에 넣고자 한다. 이것이 가능한 일일까?

상대성이론에 의하면 가능하다. 그 사람이 장대를 들고 아주 빠른 속도로 창고를 향하여 달리고 있다고 가정하고, 그 사람의 친구가 창고 앞에서 관측을 하고 있다고 하자. 그 사람의 속도가 광속의 86.6%에 달하는 속도로 달린다면 $\gamma = 1/2$가 되고, 그 사람의 친구가 관측하는 장대의 길이 L은 $L^\circ/2$가 되어 10m로 줄어들게 된다. 따라서 그 친구는 한 순간 장대가 창고 속에 들어가 있는 것을 관측하게 될 것이다. 물론 빠르게 달리고 있던 그 사람은 장대의 길이는 그대로 20m인 것으로 볼 것이고, 반대로 창고의 길이가 5m로 줄어든 것을 보게 될 것이지만 말이다.

이것은 역설적이지만, 상대성이론에 의하면 사실이다. 다른 속도로 움직이는 관측자들은 서로 다른 사실을 관측하게 된다는 상대성이론의 대표적인 실례이다.

'쌍둥이의 역설'

위의 '거리 수축의 역설'과 같은 공간상의 문제 이외에, 시간에 있어서도 비슷한 역설이 있다. 그 내용은 다음과 같다.

쌍둥이 형제 A와 B가 있다. 그들은 각각 시계를 하나씩 갖고 있다. B는 우주선을 타고 빠른 속도로 제법 먼 거리를 여행하고 돌아오기로 하고, A는 출발지에서 B가 돌아올 때까지 기다리기로 하였다. 여행을 시작하기 전에 A와 B는 각자의 시계를 같은 시각으로 맞추어 놓았다. 그리고 B가 여행을 끝내고 돌아온 후 그들은 각자의 시계를 비교하여 보았다. 결과는 어떻게 되었을까? 상대성이론에 따른 정답은 A의 시계가 B의 시계보다 시간이 더 많이 흐른 것으로 나온다는 것이다. 이유는 다음과 같다.

$$t = t° / (1 - v^2/c^2)^{1/2}$$
$$= \gamma \, t°$$

위의 식에서 t°는 정지한 상태에서의 시간의 흐름이고, t는 v의 속도로 이동 중의 시간의 흐름이다. 속도 v가 '0'이 아니라면 γ는 '1'보다 작은 값이 되므로 t는 t°보다 작은 값이 된다. 즉 이동 중인 상태에서는 시간이 늦게 간다는 것이다. 따라서 B의 시계는 A의 시계보다 느리게 가는 것이다.

여기서 독자 중의 일부는 다음과 같은 의문을 가질 수도 있다. "모든 운동은 상대적인데 어째서 B의 시계가 시간이 덜 흐른 것으로 나올 수 있다는 말인가? B의 입장에서는 A가 이동했다고 볼 수 없는 것인가? 그렇다면 A의 시계가 시간이 덜 흘러야 하는 것이 아닌가?" 그런데 A의 상황과 B의 상황에는 차이가 있다. B는 여행을 시작하면서 속도를 증가시키기 위해서 가속도를 내야 했다. 또 돌아오기 위해서 감속을 하고 다시 가속을 하고 도착하면서 또다시 감속을 해야 했다. 따라서 A와 B는 구별이 된다. 한쪽은 가속과 감속을 경험하였고, 다른 쪽은 정지 상태, 즉 가속이나 감속이 없는 상태를 유지한 것이다. 따라서 B가 이동을 한 것이 확실해지는 것이다.

시공간과 타임머신

시공간이라 함은 공간이 시간이라는 좌표축을 따라서 연장

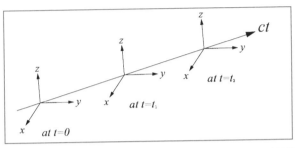

되어 있는 것을 말한다.

　시간축(ct)을 기존의 3개의 공간축(x, y, z)과 대등하게 놓고 4차원의 공간을 이야기하는 것이다. 이러한 개념은 아인슈타인의 스승인 독일의 수학자 민코프스키(Minkowski)에 의하여 물리학계에 소개되었다. 하나의 사건이 시간에 따라 일어나는 것을 시간축을 포함한 4차원 좌표계에 표시하면 사건의 연속이 보이게 되는데, 이것을 World line이라 한다. 시공간의 4차원 좌표계에서는 공간상의 거리 외에 시간상의 거리도 보인다. 시간상으로 Δt만큼 떨어진 두 점 간의 거리는 $c\Delta t$로 표시되고, 공간상으로 Δx만큼 떨어져 있는 두 점간의 거리는 Δx가 된다. 여기서 새로운 변수 Δs를 다음과 같이 정의 하면,

$$(\Delta s)2 = (c\Delta t)^2 - (\Delta x)^2$$
$$= \{c(t2-t1)\}^2 - (x2-x1)^2$$

S라는 변수는 거리의 차원이 되며, 이 거리를 시공간에서의 거리라고 한다. 이것을 4차원으로 확대하면,

$$(\triangle s)2 = (c\triangle t)^2 - (\triangle x)^2 - (\triangle y)^2 - (\triangle z)^2$$

위와 같은 형태가 된다. $\triangle s$의 값은 관측자가 등속도로 이동하기만 한다면 어떤 속도로 이동하든지 관계없이 동일하게 관측되는 불변의 값이 된다. 그런데 이 개념은 말 그대로 개념적인 것이지 현실적인 것은 아니다. 만일 이러한 것이 개념적일 뿐만 아니라 현실적이기도 하다면, 이것은 현재의 세계가 현재에 존재하는 방식대로, 과거의 세계는 과거의 시간에 고정된 채로 존재하고 있다는 것을 의미한다. 현재의 나는 현재에 존재하고, 이와 별도로 과거의 나는 과거에 존재하고 있다는 사고방식이다. 이로부터 과거로의 여행을 가능케 하는 타임머신 (time-machine)에 대한 연구도 있는 것이다.

상대성이론에 따른 운동량(Momentum) 및 에너지(Energy)

뉴턴역학에 의하면 운동량과 운동에너지는 다음과 같이 표현된다.

$p = mu$

$W = \int_{x1,x2} F\ dx$

$\quad = \int_{x1,x2} dp/dt\ dx$

$\quad = m\int_{x1,x2} du/dt\ dx$

$\quad = m\int_{x1,x2} du\ dx/dt$

$\quad = m\int_{x1,x2} du\ dx/dt$

$\quad = m\int_{x1,x2} u\ du$

$\quad = mu^2\ /2$

그런데 상대성이론에서는 질량이 속도에 따라서 바뀌게 되므로 위의 식으로 표현되지 않는다. 즉,

$m = m_\circ/(1-u^2/c^2)^{1/2}$이므로,

$dp/dt = d[m_\circ\ u/(1-u^2/c^2)^{1/2}]/dt$

$\qquad = m_\circ\ du/dt/(1-u^2/c^2)^{3/2}$

가 되며, 에너지는

$W = \int_{x1,x2} F\ dx$

$\quad = \int_{x1,x2} m_\circ\ du/dt/(1-u^2/c^2)^{3/2}\ dx$

$$= m_\circ \int_{x1,x2} u du/(1 - u^2/c^2)^{3/2}$$

$$= m_\circ c^2/(1 - u^2/c^2)^{1/2} - m_\circ c^2$$

$$= \gamma\, m_\circ c^2 - m_\circ c^2$$

로 표현된다. 한편 이항전개에 의해서

$$(1 - x^2)^{-1/2} = 1 + x^2/2 + \cdots\cdots \text{ 이므로,}$$

$$1/(1 - u^2/c^2)^{1/2} = 1 + u^2/c^2/2 + \cdots\cdots$$

가 된다. 따라서 u≪c인 경우,

$$W = m_\circ c^2 (1 + u^2/c^2/2 + \cdots\cdots) - m_\circ c^2$$

$$\fallingdotseq (1/2)m_\circ u^2$$

이와 같이 뉴턴역학에 의한 식과 일치한다. 또한, $m_\circ c^2$는 정지에너지라 하고 정지한 상태의 물체가 갖고 있는 질량에너지를 말한다. 위의 W는 운동에너지를 나타내며, 그 물체의 전체 에너지는 아래와 같이 질량에너지와 운동에너지를 합한 값이다.

$$E = W + m_\circ c^2$$
$$= (\gamma m_\circ c^2 - m_\circ c^2) + m_\circ c^2$$
$$= \gamma m_\circ c^2$$

특수상대성이론의 오류 증명 (1)

－마이켈슨－몰리 실험은 특수상대성이론을 부정한다

마이켈슨－몰리 실험은 에테르가 존재하지 않는다는 결론 뿐만 아니라 특수상대성이론이 틀렸다는 것도 보여준다.

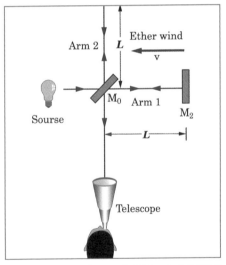

그림 2－9: 마이켈슨－몰리 실험장치

앞의 그림에서 보는 바와 같이, 지구가 태양을 공전하면서 에테르의 바다를 헤치고 나가는 것을 거꾸로 에테르가 지구를 통과해 간다고 보고 실험결과를 해석하는 방법도 있지만, 더 쉽게 그냥 지구가 태양을 공전하면서 우주 공간을 통과해 간다고 보면 아래의 그림과 같다.

각 구간별로 빛이 이동하는 거리와 시간을 구해 보자.

우선 특수상대성이론이 옳다면, 즉 빛의 속도가 불변이라면 어떻게 될까?

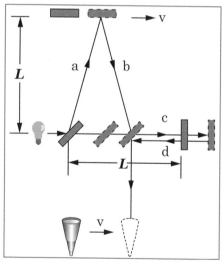

그림 2-10: 흘러가는 마이켈슨-몰리 실험장치

빛이 수직으로 가로질러서 왕복하는 데 걸리는 시간은

$La = Lx(1+v^2/c^2)^{1/2}$

$Sa(speedoflight) = c$

$Ta(time) = Lx(1+v^2/c^2)^{1/2}/c$

$Lb = Lx(1+v^2/c^2)^{1/2}$

$Sb(speedoflight) = c$

$Tb(time) = Lx(1+v^2/c^2)^{1/2}/c$

따라서 빛이 수직으로 가로질러서 왕복하는 데 걸리는 시간은 다음과 같다

$$T(\text{수직}) = Ta(time)+Tb(time)$$
$$= 2L/cx(1+v^2/c^2)^{1/2}$$

한편, 빛이 지구가 가는 방향과 평행하게 이동하는 경우는,

$Lc = L+vTc$

$Sc(speedoflight) = c$

$Tc(time) = (L+vTc)/c$

So, Tc(time) = L/(c － v)

Ld = L － vTd

Sd(sppedoflight) = c

Td(time) = (L － vTd)/c

So, Td(time) = L/(c+v)

따라서 빛이 평행하게 왕복하는 데 걸리는 시간은 다음과 같다.

T(평행) = Tc+Td

$\qquad$ = Lx(1/(c － v)+1/(c+v))

$\qquad$ = 2L/c/(1 － v²/c²)

이렇게 T(수직)과 T(평행)이 다르게 된다. 이러한 결과는 마이켈슨－몰리 실험의 결과와 일치하지 않는다. 이렇게 되는 이유는 빛의 속도가 불변이라고 가정하였기 때문이다.

즉, 빛의 속도가 불변이라고 하면, 마이켈슨－몰리의 실험결과를 설명할 수 없다.

그러면, 빛의 속도가 변한다고 하면 어떻게 될까?

빛이 수직으로 가로질러서 왕복하는 데 걸리는 시간은 다음과 같다

$La = Lx(1+v^2/c^2)^{1/2}$

$Sa(\text{speed of light}) = cx(1+v^2/c^2)^{1/2}$

$Ta(\text{time}) = L/c$

$Lb = L \times (1+ v^2/c^2)^{1/2}$

$Sb(\text{speed of light}) = c \times (1+ v^2/c^2)^{1/2}$

$Tb(\text{time}) = L/c$

따라서 빛이 수직으로 가로질러서 왕복하는 데 걸리는 시간은

$T(\text{수직}) = Ta(\text{time}) + Tb(\text{time})$

$\quad\quad\quad = 2L/c$

한편, 빛이 지구가 가는 방향과 평행하게 이동하는 경우는,

$Lc = L + v\ Tc$

$Sc(\text{speed of light}) = c+v$

$Tc(\text{time}) = (L+vTc)/(c+v)$

So, $Tc(\text{time}) = L/c$

$Ld = L - vTd$

Sd(speed of light) = c − v

Td(time) = (L − vTd)/(c − v)

So, Td(time) = L/c

따라서 빛이 평행하게 왕복하는 데 걸리는 시간은 다음과 같다.

T(평행) = Tc+Td

= 2L/c

여기서 보듯 T(수직)과 T(평행)이 일치한다. 즉, 마이켈슨−몰리의 실험결과를 잘 설명해준다.

이와 같이 마이켈슨−몰리의 실험은 빛의 속도가 불변이라고 하는 특수상대성이론을 부정한다.

특수상대성이론의 오류 증명 (2)
− 인과율은 지켜져야 한다

앞에서 상대성이론에 대해서 설명하였듯이, 다른 속도로 움직이는 두 관측자는 하나의 사건을 다르게 관측한다는 것이 있

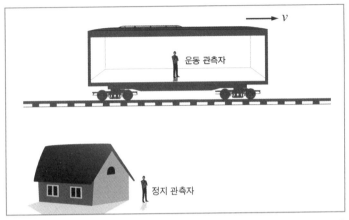

다. 다시 말해서 절대적인 동시성이란 존재하지 않는다는 것이다. 자세히 설명하면 다음과 같다.

두 관측자가 있어서 하나의 관측자 A는 'v' 의 속도로 달리는 기차에 타고 있다. 다른 관측자 B는 기차역에 정지한 상태로 관측하고 있다. 만일 달리는 기차의 앞부분과 뒷부분에 각각 광원을 놓고 기차의 한가운데에서 관측자 A가 관측을 하면, 기차의 앞과 뒤에서 동시에 발생하여 진행하여온 빛은 관측자 A에게 동시에 도달할 것이다. 그러나 같은 사건을 기차에서 관측한 관측자 B는 서로 다른 시간에 빛이 관측자 A에게 도달하는 것을 관측하게 될 것이다. 왜냐하면 기차 앞부분에서 진행해온 빛은 그 시간 동안의 기차의 이동 때문에 더 짧은 거리를 진행하면 관측자 A에 도달할 것이고, 기차 뒷부분에서 진행해 온 빛은 그 시간 동안의 기차의 이동만큼 거리가 늘어날 것이기 때문이다. 이와 같이 같은 사건이 관측자의 이동속도에 따라 다르게 관측된다는 것이다. 이것이 앞의 상대성이론에서 설명한 내용이다.

그러나 여기서 사고실험을 조금 더 진척시켜 보자. 위의 결과는 관측자 A와 관측자 B 사이에 아무런 연관이 없을 경우에는 문제가 없어 보이지만, 두 관측자 사이에 어떤 인과관계를 설정하면 심각한 문제점이 드러난다.

예를 들어, 기차의 앞부분과 뒷부분에서 온 빛이 관측자 A에게 동시에 도달하면 기차 바깥으로 전파를 발사하도록 했다고 가정하자. 기차 안에 있는 관측자 A는 틀림없이 그 전파가 발사되는 것을 보게 될 것이다. 그러나 상대성이론이 옳다면 바깥에서 관측을 하는 관측자 B는, 빛이 기차의 앞부분과 뒷부분에서 진행해온 각각의 빛이 관측자 A에게 도달하는 시간이 다를 것이므로, 전파가 발사되지 않을 것으로 판단하게 될 것이다.

그러면 기차 안에서 관측한 사람이 옳은 것이냐, 아니면 기차 밖에서 정지한 상태에서 관측한 사람이 옳은 것이냐, 그것도 아니면 둘 다 옳은 것이냐? 상대성이론으로 설명을 하자면,

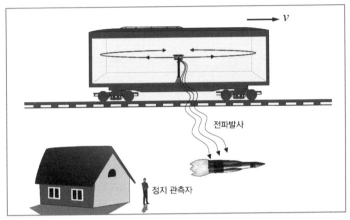

그림 2-12: 기차와 두 관측자/ 바깥으로 전파 발사

둘 다 옳다고 해야 할 것이다. 다시 말하면, 기차 안에서 관측
한 사람은 전파가 발사된 것으로 관측할 것이고, 기차 밖에서
정지한 상태에서 관측한 사람은 전파가 발사되지 않은 것으로
관측할 것이다. 이것은 하나의 사건이 여러 가지의 결과를 내
고 있다는 이상한 결론을 나타내고 있다

　여기서 한 걸음 더 나아가서, 전파가 발사되면 바깥에 설치
한 폭탄이 터지도록 장치를 해놓았다면 어떻게 될까?
　폭탄이 터질까, 아니면 터지지 않을까? 기차 안의 관측자 A
는 빛이 동시에 도달하는 것을 볼 것이고, 전파가 발사되는 것
을 볼 것이며, 따라서 폭탄이 폭발하는 것을 보게 될 것이다.

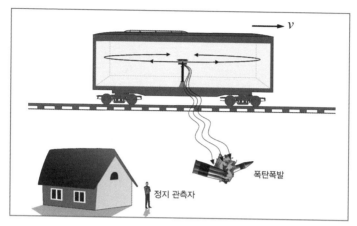

그림 2 - 13: 기차와 두 관측자/ 전파발사 폭탄폭발

반면, 기차 밖에서 정지한 상태의 관측자 B는 빛이 동시에 도달하지 않는 것을 볼 것이고, 전파가 발사되지 않는 것을 볼 것이며, 따라서 폭탄이 폭발하지 않는 것을 보게 될 것이다. 한 사람은 폭탄이 폭발하는 것을 보는 반면, 다른 사람은 같은 원인으로부터 폭탄이 폭발하지 않는 것을 보게 될 것이다.

이것은 모순이다. 폭탄이 폭발한 우주와 폭탄이 폭발하지 않은 우주가 병존하고 있다는 것이며, 두 관측자가 서로 다른 우주에 존재하고 있다고 하지 않는 한 설명할 방도가 없는 것이다. 왜냐하면 하나의 폭탄이 폭발했으면서 동시에 폭발하지 않았을 수는 없기 때문이다. '하나의 원인에 의해서 하나의 결과가 생긴다'는 인과법칙이 성립하기 위해서는 폭발하든지 폭

폭탄 그대로!

폭탄 폭발!

2-14: 폭탄이 터진 우주와 안 터진 우주

발하지 않든지 둘 중 하나이어야 한다.

그러므로 상대성이론으로는 이러한 실험을 설명할 수 없다. 이것은 정지좌표계의 관측자나 운동좌표계의 관측자는 서로 다르게 시간을 측정한다고 하는 상대성이론의 결과는 인과법칙에 위배되기 때문이다. 상대성이론 중에서 문제가 되는 것은 제2의 가설인 '빛의 속도는 관측자의 속도에 관계 없이 일정하다(광속도 불변의 원리)'는 것이다. 빛의 속도도 c(광속)보다 커지거나 작아질 수 있다고 하면 위의 모순은 해결된다. 그러나 불행하게도 제2의 가설이 상대성이론의 핵심인 것이다.

덤으로, 위의 폭탄은 터질까 터지지 않을까? 해답은 '폭탄은 터진다'이다. 이것은 첫째로, 뉴턴역학적으로 검토하면, 정지좌표계 또는 운동좌표계 모두에서 빛이 도달하는 데 걸리는 시간이 동일하기 때문에 전파가 발사될 것이고, 그래서 폭탄이 폭발할 것이다. 둘째로, 상대성이론이 옳다고 하더라도(사실은 옳을 수가 없지만), 사건의 원인이 되는 실험장비가 기차 내에 있기 때문에 기차 내에서 관측하는 당사자가 옳게 관측하게 될 것이다. 기차 바깥의 관측자는, 만일 다르게 관측이 된다고 할지라도 관측을 보정해서 같은 결과로 해석할 수 있도록 해야 할 것이다.

특수상대성이론의 오류 증명 (3)
－ 시간은 연장되지 않는다

앞에서 설명한 대로 뮤온은 불안정한 상태의 소립자이다. 앞에서의 설명에서는 뮤온이 속도가 빨라서 시간 연장이 일어나고 그에 따라 수명이 연장된 것이라고 하였다. 그런데 상대성이론에 의하면 모든 운동은 상대적이다. 즉, 뮤온이 실험실을 기준으로 0.99c의 속도로 날아온다는 것은, 뮤온을 기준으로 볼 때는 실험실이, 다시 말해서 지구 전체가 뮤온을 향해서 0.99c의 속도로 날아가는 것을 의미한다.

그렇다면 뮤온이 볼 때는 지구 전체의 시간이 연장되는 것을 관찰하게 될 것이다. 따라서 뮤온 자신의 수명은 연장된 지구 시간과 비교하면 상대적으로 더 짧아져야 한다. 즉 2.2μs보다

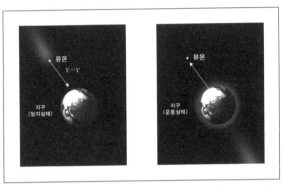

그림 2-15: 뮤온이 지구로 날아오는 그림과
지구가 뮤온으로 날아가는 그림

더 빨리 붕괴되어야 하는 것이다.

이러한 사건을 제3자가 관찰을 한다고 가정하자. 지구와 같은 속도로 날아오는 관측자는 뮤온의 수명연장을 보게 되고 따라서 지표면의 실험실에서 뮤온을 관측하는 것을 보게 될 것이다. 한편, 뮤온과 같은 속도로 날아오는 관측자는 지구의 시간이 연장되는 것을 관측하게 될 것이고 따라서 뮤온은 상대적으로 수명이 더 짧아져서 지표면의 실험실까지 도달하지 못하는 것을 보게 될 것이다.

여기서도 인과법칙이 무너지는 것을 보게 된다. 즉, 뮤온이 실험실에서 관측이 되면 그 결과로 다른 사건이 생기도록 해놓았다면, 다시 말해서 뮤온이 실험실에서 관측되면 그 결과로 폭탄이 터지게 해놓았다면 이 폭탄은 폭발할까, 아니면 폭발하

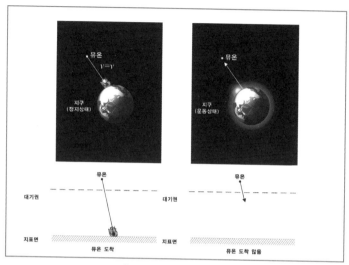

그림 2-16: 뮤온에 의해서 지상의 폭탄이 폭발하는 그림과
폭발하지 않는 그림

지 않을까?

상대성이론에 따르면 제3의 관측자의 속도에 따라 폭발하기
도 하고 폭발하지 않기도 한다고 할 것이다. 이러한 논리는 있
을 수 없다. 폭탄은 관측자의 속도에 관계없이 폭발하거나 폭
발하지 않거나 둘 중 하나이어야 한다. 이러한 모순은 '빛의 속
도가 일정하다'는 가설로부터 출발한 '시간 지연'이라는 개념
때문에 생기는 것이다.

그럼 뮤온이 실제로 지상에서 관측되는 것은 어떻게 설명을
해야 할까? 현재까지의 물리학은 방사성원소의 자연붕괴를 이

론적으로 설명하지 못한다. 단지 양자역학을 이용해서 확률적으로 계산할 뿐이다. 에너지가 높은 불안정한 상태의 입자는 어느 정도의 수명을 갖고 붕괴할 확률이 얼마이다 하는 식이다.

확률통계이론은 어떤 사건이 어떤 메커니즘에 의해서 일어나는가를 정확히 모르고도 그 사건이 일어날 가능성을 수치적으로 보여줄 수 있다. 확률통계이론은 사건의 개체수가 많을수록 정확하게 되지만, 각각의 사건 하나하나에 대해서는 아무 설명도 못하는 것이다.

뮤온이 붕괴하는 현상을 충분히 이해를 한다면, 뮤온의 수명이 연장되는 것을 '시간 연장'이 아닌 다른 방식으로 설명할 수도 있을 것이다. 예를 들면, 뮤온이 빛보다 빠르기 때문에 지표면까지 붕괴하지 않고 내려온다고 볼 수도 있다. 그렇다면 뮤온이 지표면에서 관측이 되는 것은 상대성이론이 틀리다는 증거가 될 수도 있는 것이다. 또는 뮤온이 지표면까지 도달하는 과정에서 대기 중의 다른 입자들과 무수히 충돌하면서 에너지를 얻게 될 것이다. 즉, 뮤온의 운동에너지가 충돌에 의해서 뮤온의 내부에너지로 전환이 되는 것이다.

뮤온의 수명이 뮤온의 내부에너지와 상관관계가 있다면, '시간 연장'이라는 설명보다 합리적으로 설명할 수도 있을 것이다. 이것은 아직까지는 이론적으로 판단이 되지 않은, 단지 하나의 가능성일 뿐이다.

현대물리학의 총아인 입자물리학에서 보면, 입자가속기로 입자를 가속시키면 속도가 매우 빨라져서 시간 지연이 생긴다고 한다. 그 결과로 입자의 궤적이 그 입자의 수명보다 길게 나타난다고 설명한다. 그러나 입자가 빛보다 빠를 수 있다고 하고 보면, 그것은 그냥 입자가 빨리 달려서 궤적이 길어진 것으로 볼 수 있다. 간단한 것이 옳바른 것이다.

시간 여행은 불가능하다
― 시공간과 타임머신의 오류

앞에서 설명한 바와 같이 시공간이라 함은 공간이 시간이라는 좌표축을 따라서 연장되어 있는 것을 말한다.

시간축(ct)을 기존 3개의 공간축(x, y, z)과 대등하게 놓고 4차원의 공간을 이야기하는 것이다. 하나의 사건이 시간에 따라 일어나는 것을 시간축을 포함한 4차원 좌표계에 표시를 하면 사건의 연속이 보여지게 되는데, 이것을 World line이라 한다. 시공간의 4차원 좌표계에서는 공간상의 거리 외에 시간상의 거리도 보인다. 시간상으로 $\triangle t$만큼 떨어져 있는 두 점간의 거리는 $c\triangle t$로 표시된다. 공간상으로 $\triangle x$만큼 떨어져 있는 두

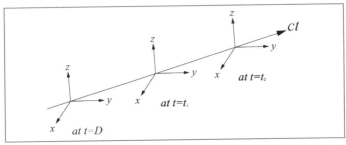

점 간의 거리는 △x가 된다. 여기서 새로운 변수 △s를 다음과
같이 정의 하면,

$$(\triangle s)2 = (c\triangle t)2 - (\triangle x)2 - (\triangle y)2 - (\triangle z)2$$

위와 같은 형태가 된다. △s의 값은 관측자가 등속도로 이동
하기만 한다면 어떤 속도로 이동하든지 관계없이 동일하게 관
측되는 불변의 값이 된다.

그런데 이 개념은 말 그대로 개념적인 것이지 현실적인 것은
아니다. 만일 이러한 것이 개념적일 뿐만 아니라 현실적이기
도 하다면, 이것은 현재의 세계가 현재에 존재하는 방식대로,
과거의 세계는 과거의 시간에 고정된 채로 존재하고 있다는 것
을 의미한다. 현재의 나는 현재에 존재하고, 이와 별도로 과거
의 나는 과거에 존재하고 있다는 사고방식이다. 이로부터 과

거로의 여행을 가능케 하는 타임머신(time-machine)에 대한 연구도 있는 것이다.

그러나 이러한 개념에는 중대한 모순점이 있다. 타임머신의 개념이 성립하려면 현재와 과거가 별도로 존재해야 하는데, 이 말은 미래가 계속적으로 새로 창조되어야 한다는 것을 의미한다. 왜냐하면 '현재'라는 것은 1초 후에는 '1초 전의 과거'가 되는 것이고 '새로운 현재'는 또다시 1초 후에는 '1초 전의 과거'가 되기 때문이다. 다시 말해서 현재에 연이은 미래가 계속적으로 '새로운 현재'로 바뀌어야 한다. 그리고 '현재에는 존재하지 않던 미래'가 '현재'로서 새로이 창조되어 나타나야 하기 때문이다.

이것은 시간이 흐름에 따라 광속으로 자라나는 우주 전체의 끊임없는 창조가 있어야 한다는 것이다. 이는 무에서 유가 창조되는 것으로서, 에너지 보존법칙에 위배되는 것이다. 물리학에서는, 과거의 에너지의 총량이 현재의 에너지의 총량과 일치한다면, 에너지보존법칙은 성립하는 것으로 본다. 이 말은 1초 전의 과거의 우주 전체의 질량－에너지의 총량은 현재의 우주 전체의 질량－에너지의 총량과 같으면, 에너지보존법칙은 성립하는 것으로 보는 것이다.

그렇지만 여기에는 모순이 있다. 상식적으로 사람들은 미래는 존재하지 않는 것으로 생각한다. 미래가 존재하고 있다면,

이 말은 모든 것이 이미 결정되어 있다는 것을 뜻하기 때문이다. 인간의 자유의지로 어떤 행동을 한다는 것은 미래는 결정되어 있지 않다는 것을 뜻한다. 그렇지 않다면 우주의 역사는 마치 영화 한 편같이 처음부터 끝까지 이미 모두 결정되어 있다고 말하는 것과 같다. 물론 이렇게 생각해도 무방하기는 하지만 이러한 생각에 공감할 사람은 아무도 없을 것이다.

그렇다면, 결정되어 있지 않은 미래가 존재하고 있다는 것은 어떤 형태가 될 것인가? 단지 현재의 자유로운 행동에 의해서 결정되는 미래가, 현재나 과거와 같이 독립적으로 존재할 수 있을까? 만일 그럴 수 있다면 그것은 단지 구체화되지 않은 우주 전체의 원재료 정도로 존재할 수 있을 뿐일 것이다. 그러나 이것도 의미가 없는 생각일 뿐이다. 누가 우리의 미래를 위해서 공간적으로 무한한 우주 전체의 원재료를 시간적으로 무한하게 만들어놓고 기다리겠는가? 미래는 아직 존재하지 않는 것으로 생각하는 것이 상식적이기도 하고 과학적이기도 한 것이다.

그러면 1초 후의 미래는 어떻게 생겨날 수 있는가? 이에 대한 답은 현재에 있다. 현재의 우주가 그대로 시간이 흐름에 따라 미래로 바뀌어 가는 것이다. '현재의 우주'가 시간이 지남에 따라 '1초 후의 미래의 우주'로 바뀐다면, 1초 후의 미래에서 볼 때에는 '1초 전의 과거의 우주', 다시 말해서 '현재의 우주'는 사라진다. 이 말은 미래의 우주가 미리 존재하지 않는 것이라면, 과거의 우주도 존재하지 않는다는 것을 말해준다. 왜냐하면 '미래의 우주'가 '현재의 우주'와 독립적으로 존재할 수 없듯이, '과거의 우주'는 '현재의 우주'로 바뀌어 온 것이지 '현재의 우주'와 독립적으로 존재할 수는 없기 때문이다. 다만, 과거의 역사는 현재의 우주에 인과법칙에 따른 영향을 주고 있을 뿐인 것이다. 그리고 현재의 우주에서 일어나는 모든 사건은 인과법칙에 따른 영향을 미래의 우주에 줄 뿐이다.

이렇게 상식적인 이야기를 길게 설명하는 이유는 물리학자 중에는 타임머신을 연구하는 사람도 있기 때문이다. 타임머신을 타고 과거나 미래로 여행한다는 생각은 매력적이긴 하다. 그러나 논리적으로 볼 때에 불가능한 생각이다. 그리고 더 심각한 문제가 있다. 파인만(R. P. Feynman)이라는 물리학자는 파인만 도형(Feynman diagram)을 제안하여 입자물리학의 여러 가지 현상을 해석하는 데에 커다란 도움을 주었다.

그런데 이 도형의 개념은 반물질을 미래로부터 오는 물질로 가정하고 현상을 해석하는 것이다. 위에서 설명한 바와 같이, 미래는 존재하지 않는다. 단지 현재가 시간이 흐름에 따라 변화되어 가는 것이다. 그런데 어떻게 반입자가 미래로부터 오는 입자라고 생각할 수 있는가 말이다. 이것은 입자물리학에서 현상을 설명하기 위해서 대칭성을 추가로 필요로 한 데서 비롯되었을 수 있다. 3차원의 공간 이외에 다른 대칭성을 시간 축에서 찾은 것이 아닐까?

4. 일반상대성이론과 오류 증명

　일반상대성이론은 중력 현상을 가속도와 동일시하여 하나의 틀 안에서 해석하고자 하는 이론이다. 질량은 두 물체 사이에 만유인력과 같이 서로 당기는 힘을 작용시키며, 또한 관성이라는 성질을 보이기도 한다. 이러한 두 가지의 서로 다른 작용을 하나의 틀 안에서 설명하고자 하는 것이 일반상대성이론이다. 일반상대성이론도 기본적인 두 개의 가설이 그 기초를 이룬다.

　　(1) 자연법칙은 어떠한 좌표계에 있는 관측자에게도, 가속이 되고 있든 아니든 관계없이, 같은 형태를 나타낸다. (The laws of nature have the same form for observers in any frame of reference, whether accelerated or not.)

(2) 등가의 원리: 어떤 한 곳의 근방에서 중력장은, 중력
장의 영향이 미치지 않는 상태에서 가속되는 좌표계와 동
등하다. (Principle of equivalence: In the vicinity of any point,
a gravitational field is equivalent to an accelerated frame of
reference in the absence of gravitational effects.)

이 내용을 설명하기 가장 좋은 것이 외부와 차단된 엘리베이
터이다.

중력이 작용하는 곳에서 정지되어 있는 엘리베이터 안에 있
는 사람은 중력을 감지할 수 있다. 즉, 들고 있던 물건을 놓으
면 아래로 떨어진다. 한편 중력이 미치지 않는 무중력 공간에
있는 엘리베이터가 위로 가속이 되고 있으면 똑같은 일이 벌어
진다. 즉 들고 있던 물건을 놓으면 아래로 떨어진다. 관성 때문
이다. 바깥의 상황을 확인할 수 없도록 차단된 엘리베이터 안

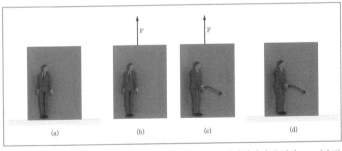

그림 2 - 18: 엘리베이터 중력장 vs. 가속장

에서는 자기가 중력장 내에서 중력의 영향을 받고 있는지 아니면 무중력 공간에서 위로 가속을 받고 있는지 구별할 방법이 없다.

이와 같이 중력을 가속에 의한 관성으로 설명하는 것이 일반 상대성이론이다. 일반상대성이론에 의하면 시간이 중력에 의해서 영향을 받는다. 시간은 중력이 작용하는 곳에서는 중력이 없는 곳에서보다 천천히 흐른다. 질량이 매우 큰 곳에서 나오는 별빛은 그 빛의 스펙트럼이 주파수가 낮은 쪽으로 이동한다. 주파수가 높은 푸른색으로부터 주파수가 낮은 붉은색으로 이동한다. 이러한 현상을 적색편이(redshift)라고 한다. 아인슈타인은 등가의 원리를 설명하면서 중력장이라는 표현 대신에 '시공간의 휘어짐(curvature of spacetime)'이라는 표현을 사용하였다.

중력렌즈

빛은 직진한다. 그런데 천문학적인 관측을 보면 빛이 휘어지는 것이 관찰되는 것을 볼 수 있다. 예를 들면, 태양에 의해 가려져서 보이지 말아야 할 먼 곳의 별이 태양 중력에 의해 빛이 휘어져서 관측이 되는 경우이다.

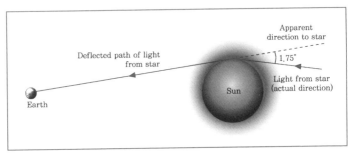

그림 2 - 19: 태양의 중력렌즈 현상의 그림

이러한 현상은 일반상대성이론에 의하면 빛이 중력에 의해서 그 경로가 휘어지는 것이 아니라, 중력에 의해서 휘어진 공간을 빛이 직진하는 것이라고 표현한다. 이 현상은 관측이 되기 전에 일반상대성이론에 의해서 예측이 되었었다. 이 예측은 1차 대전 직후에 천문학자에 의해서 관측이 되었다. 일식이 일어나면 강한 태양빛이 달에 의해서 가려지므로 태양 주변에 있어서 관측이 되지 않던 별을 관측할 수 있다. 일식이 일어날 때에 태양 주변에서 보이던 별이 실제로 있어야 할 위치보다 1.75" 정도 위치 이동한 상태로 관측이 된 것이다.

이것은 일반상대성이론에 의해서 계산된 값과 거의 일치하는 것이다. 또한 아주 멀리 있는 은하가 그보다 앞에 있는 은하에 의해서 가려져서 보이지 말아야 하는데도 불구하고 보이는 현상이 있다.

하나의 은하에 의해서 그 주변의 공간이 중력에 의한 휘어

92

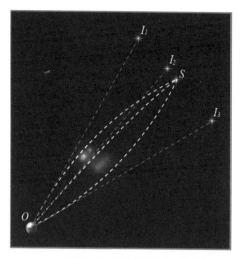

그림 2−20: 은하의 중력렌즈 현상의 그림

짐을 받고, 그 휘어짐에 의해서 먼 곳의 다른 은하가 여러 개의 이미지로 보이게 되는 것이다. 우주에 존재하는 은하의 크기가 대체적으로 비슷하다고 할 때에, 하나의 은하의 중력에 의해서 영향을 받는 크기는 지구에서 볼 때에 대략 1″ 정도의 크기가 된다. 즉 그 은하를 중심으로 해서 1″ 정도의 둘레에, 다른 이미지들, 즉 그 은하 뒤의 더 먼 곳의 천체들의 이미지가 여러 개가 중복해서 보이게 된다. 이러한 현상들은 일반상대성이론이 적용되는 예라고 할 수 있다.

블랙홀

　별은 수소 핵반응을 일으키면서 빛을 낸다. 이 복사에너지는 별이 자체의 중력에 의해서 붕괴하는 과정을 막아주는 역할을 한다. 그러나 시간이 지남에 따라 모든 핵연료가 사용되고 나면 자체 중력에 의한 붕괴를 막아줄 메커니즘이 없어지고, 그 별의 모든 물질이 별의 중심을 향해서 떨어진다. 별의 밀도는 대단히 높아지고 중력은 갈수록 커지게 되며 그에 따른 공간의 휘어짐도 커지게 된다. 그리고 그 상태가 어느 정도를 넘어서게 되면 빛을 포함한 모든 물질이 바깥으로 나올 수 없는 상태가 된다. 이러한 것을 블랙홀이라고 한다.

위치에너지 = GMm/r

운동에너지 = $mv^2/2$

$GMm/r = mv^2/2$

$v^2 = 2GM/r$

$v = (2GM/r)^{1/2}$

　어떤 물체의 운동에너지가 위치에너지보다 크면 그곳에서 탈출하게 된다. 위의 식에서 보면 속도 v는 탈출속도이다. M

을 지구 질량, r을 지구 반지름이라 하면, 속도 v는 로케트가 지구를 벗어나기 위한 최소한의 속도이다. 즉, 로케트가 지구를 벗어나려면 속도 v보다 큰 값을 가져야 한다.

만유인력 상수(G) = $6.67 \times 10^{-11} Nm^2/kg^2$

지구 질량(M) = $5.97 \times 10^{24} kg$

지구 반지름(r) = 6,378km

탈출속도(v) = 11,200m/s

이와 같은 개념으로 별의 질량 M이 매우 크고 별의 반지름 r이 상대적으로 매우 작아지면, 탈출속도 v가 빛의 속도 c = $3 \times 10^8 m/s$보다 커지게 된다. 이렇게 되면 빛의 속도로는 탈출속도에 미치지 못하므로 그 별로부터 빛이 나오지 않게 되는 것이다. 이러한 상태의 별이 블랙홀이다. 아무것도, 빛조차도 나오지 못하므로 암흑이 된다.

중력파

1916년에 아인슈타인은 일반상대성이론을 응용하여 중력장을 전자기파와 비슷하게 파동으로 표현하는 데 성공하였다.

중력파라고 하는 것은 중력이 전달되어 나가는 메커니즘이다. 예를 들면, 지상에서 커다란 쇠구슬을 위아래로 흔들면 그 영향이 작기는 하지만 달까지 전달될 것이다. 마찬가지로 우주 멀리서 별이 폭발하면 그 중력장의 흔들림이 지구까지 전달되어 올 것이다.

물리학자들은 이러한 중력파, 즉 중력장의 흔들림을 측정하기 위하여 노력하고 있다. 중력파는 물질을 통과하면서 그 물체에 파도와 같이 중력파의 흐름을 남길 것이다. 즉, 물질의 밀도 변화가 중력파의 전달에 따라서 발생할 것이고, 이러한 밀도 변화는 약하지만 국부적인 압력의 변화로 나타날 것이다. 중력파의 측정은 이 압력을 압전효과를 이용해서 전기신호로 변형하여 측정하고자 하는 것이다.

그리고 지구상에는 수많은 진동이 있으므로 그것들을 중력파의 전달과 구분해야 하는데, 중력파의 측정을 멀리 떨어진 두 곳 이상의 서로 다른 위치에서 측정하면 된다. 중력파라면 그 전달되는 속도가 빛과 같은 속도일 것이므로 두 곳 사이의 거리를 감안하면 중력파인지 아니면 무의미한 진동인지를 구분할 수 있다. 아직까지는 중력파가 측정된 적은 없으나, 간접적으로 확인된 것은 있다.

수많은 별들 중에는 연성이 있다. 연성이라는 것은 두 개의 별이 서로를 공전하는 것이다. 질량이 매우 큰 두 개의 별이 가까이서 서로를 매우 빠른 속도로 공전하면 주변 공간의 중력장에 교란을 일으키게 되고, 이러한 과정에서 중력파가 공간으로 발산된다. 중력파도 에너지의 한 형태이므로 에너지가 우주 공간으로 발산이 되면 그 연성의 공전에너지는 줄어들게 된다. 따라서 공전궤도가 작아지고, 공전 주기도 짧아지게 된다.

이러한 현상이 천문학자에 의해서 관측이 되고 있다. 즉, 중력파의 존재가 간접적으로 확인되는 것이다.

수성의 세차운동

태양을 공전하는 모든 행성은 모두 타원 형태의 공전을 하고 있다. 물론 그 타원의 이심률은 각각 다르지만 정원의 공전면을 갖지는 않는다. 예를 들면 수성의 공전궤도 이심률은 0.2056이고, 금성은 0.0068, 지구는 0.0167이다. 금성이 제일 정원에 가깝다. 이렇게 타원 형태의 공전궤도에서는 그 행성이 태양에 제일 가까울 때도 있고, 제일 멀 때도 있다. 제일 가까울 때를 근일점(aphelion)이라고 하고 제일 멀 때를 원일점(perihelion)이라고 한다.

그런데 문제는 원일점이나 근일점이 항상 같은 자리가 아니라는 것이다. 원일점이 조금씩 앞으로 이동하는 것이다. 그래

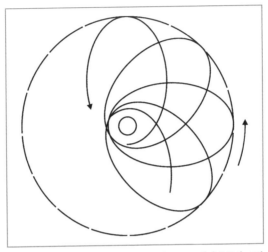

그림 2 – 13: 세차운동의 그림

서 행성은 항상 같은 공전궤도를 도는 것이 아니라 조금씩 앞
으로 전진하는 궤도를 돈다. 이러한 현상을 세차운동이라 한
다. 이러한 현상을 일으키는 원인은 우선 뉴턴역학적으로 설
명이 되는 부분이 있다. 즉, 다른 행성들에 의한 영향들이다.
그러나 뉴턴역학만으로는 관측된 값이 설명되지 않는다. 여기
에 일반상대성이론을 추가로 적용하면 근사하게 일치가 된다.

$$\delta \varphi_{\text{prec}} = 6\pi GM/c^2 a(1 - \varepsilon^2)$$

$\delta \varphi_{\text{prec}}$: 세차운동각도 G: 만유인력상수 M: 태양의 질량

c: 빛의 속도 a: 공전궤도의 반지름 ε: 이심률

일반상대성이론에 의해서 예측된 수성의 세차운동 각도는 100년에 42.98"이다. 관측된 수성의 세차운동 각도는 100년에 5599.74"이며 여기에서 다른 행성들의 영향을 제외하면 100년에 42.98"±0.04"가 된다. 수성은 세차운동에 의해서 원일점이 한 바퀴 돌아서 제자리로 돌아오는 데 약 23,000년이 걸린다.

일반상대성이론의 오류 증명 (1)

- 빛도 질량이 있다

빛의 질량을 계산해 보자. 물리학 이론에 의하면 빛의 질량은 없다고 한다. 단지 운동 중에는 운동에너지가 빛의 질량을 만들어 낸다고 한다. 우선 그 운동에너지에 의한 질량을 계산해보자.

$$초록색\ 빛의\ 파장(\lambda) = 500nm$$
$$= 500 \times 10^{-9}m$$
$$빛의\ 속도(c) = 3.00 \times 10^8 m/s$$
$$초록색\ 빛의\ 진동수(f) = c/\lambda$$
$$= (3.00 \times 10^8 m/s)/(500 \times 10^{-9}m)$$
$$= 6 \times 10^{14}/s$$

플랑크 상수(h) = 6.626×10^{-34} Js

초록색 빛의 에너지(E) = hf

$\qquad = (6.626 \times 10^{-34}Js) (6 \times 10^{14}$/s$)$

$\qquad = 3.9756 \times 10^{-19}$ J

E = mc^2

m = E/c^2

$\qquad = (3.9756 \times 10^{-19}J)/(3.00 \times 10^8m/s)^2$

$\qquad = 4.4173 \times 10^{-36}$kg

이것이 상대성이론에 의한 초록색 빛의 질량이다. 한편 드브로이의 물질파 가설에 의한 계산을 해보자.

m$v\lambda$ = h

m = $h/c/\lambda$

$\qquad = (6.626 \times 10^{-34}Js)/(3.00 \times 10^8m/s)/(500 \times 10^{-9}m)$

$\qquad = 4.4173 \times 10^{-36}$kg

이와 같이 드브로이의 가설에 의한 계산에서도 똑같이 나온다. 차이점은 드브로이의 가설에 의하면 빛의 질량은 항상 존재하지만, 상대성이론에 의하면 정지질량은 없고 운동할 때에만 운동에너지에 해당하는 만큼의 질량이 생긴다고 하는 것이다. 참고로 전자의 질량은 9.11×10^{-31}kg이다. 따라서 초록색 빛의 질량은 전자의 질량의 0.00000485배이다. 한 가지 짚고 넘어가야 할 것은 정지하고 있을 때는 존재하지 않던 질량이 움직이면 어떻게 질량으로 나타나는가이다.

그렇게 되어야 할 당위성이 존재하는가? 아마도 정지질량이 없다고 하는 생각은 최초에 빛이 파동으로서 인간에게 첫선을 보인 까닭이 아닌가 생각된다. 어찌 되었든 상대성이론에서는 빛의 질량이 없는 것으로 보고 있다. 그리고 앞의 상대성이론을 설명하는 곳에서 보았듯이 빛은 직진하지만 공간이 중력에 의해서 휘어 있기 때문에 빛이 휘어져 온다고 설명한다.

그렇지만 빛이 질량이 있고 따라서 우주 공간에 있는 천체의 중력에 의해서 휘어진다고 할 때에 무엇이 달라지는가? 아마도 물리학적인 계산도 동일한 결과를 보일 것이다. 특히 태양에 가려진 별의 관측의 경우에는 태양의 중력에 의한 빛의 휘어짐뿐만 아니라, 태양의 대기에 의한 굴절도 고려해야 할 것이다. 블랙홀(Black hole)은 그 내부의 질량이 너무 커서 그 중력이 빛조차도 사상의 수평면을 탈출하지 못할 만큼 세게 되는 경우이다. 만일 블랙홀 표면에 전기적 전하가 분포해 있다면, 전기장이 사상의 수평면 너머로 퍼져 나갈 것이다. 여기에 전기전하를 좀 더 가하면 그 전기장의 변화가 사상의 수평면 바깥으로 퍼져 나가게 될 것이다.

그런데 전기장의 변화는 일종의 전자기파로서 그 변화가 사상의 수평면 바깥으로 퍼져 나간다는 것은 빛이 탈출해 나간다는 것이다. 또한 블랙홀의 중력장이 너무 강해서 빛조차 빠져나가지 못한다고 할 경우에도, 중력장은 그 사상의 수평면 너머로 퍼져 나가고 있다. 이것은 중력장 또는 중력파는 전자기파가 탈출하지 못하는 상태에서도 탈출하고 있다는 것이다. 즉 중력자(graviton)는 광자(photon)보다 빠르다는 것을 뜻한다. 그리고, 이것은 상대성이론의 '광속보다 빠른 것은 존재하지 않는다'는 원리가 잘못되었다는 것을 뜻한다. 만일 전기적 전하가 블랙홀 내부에서 붕괴되어 사라진다고 하면 이것은 '전하 보존의 법칙'에 위배된다.

일반상대성이론의 오류 증명 (2)
– 공전궤도 변화는 뉴턴역학으로도 가능하다

태양계에는 8개의 행성이 있다. 수성, 금성, 지구, 화성, 목성, 토성, 천왕성, 그리고 해왕성이다. 명왕성은 전에는 행성으로 보았으나, 그 크기나 행성의 공전궤도를 고려할 때 쿠이퍼 궤도의 하나의 천체로 보아야 하므로, 행성에서 제외되었다. 명왕성보다 더 큰 천체도 발견되었는데 행성으로 보기 어렵기 때문이다. 행성으로 지명된 천체들은 대부분 원에 가까운 궤도를 그리며 태양을 중심으로 공전하고 있다. 각 행성들의 특성을 살펴보면 다음과 같다.

〈표 2-1〉행성의 비교

	공전 반지름 10⁶km	공전 주기 years	이심률	공전궤도 경사, deg	자전축 경사, deg	직경, 10³km	탈출속도, km/s	밀도 (물=1)	질량 (지구 =1)	부피 (지구 =1)
수성	57.9	0.241	0.206	7.0	2	4.9	4.18	5.4	0.055	0.056
금성	107.8	0.615	0.007	3.4	178	12.1	10.30	5.2	0.85	0.86
지구	149.7	1	0.017	0	23.4	12.8	11.27	5.5	1	1
화성	227.7	1.881	0.093	1.8	2	6.8	5.15	3.9	0.15	0.15
목성	777.3	11.9	0.048	1.3	3.1	143.9	59.55	1.3	318	1319
토성	1425.9	29.5	0.056	2.5	26.4	120.6	35.41	0.7	95	744
천왕성	2869.5	84	0.047	0.8	98	51.1	22.53	1.3	15	67
해왕성	4494.9	164.8	0.009	1.8	28.8	50.5	24.14	2.1	17	57
태양						1392.1				

앞의 〈표 2-1〉에서 보는 바와 같이 이심률은 각 행성마다 다르다. 이심률이라는 것은 정원으로부터 얼마나 벗어난 타원인가를 나타내는 것이다. 이심률이 클수록 심한 타원이 된다. 각 행성의 이심률을 보면 수성의 이심률이 제일 큰 것을 알 수 있다.

한편, 관측된 수성의 세차운동의 속도는 100년에 5599"이고, 이 중에서 태양의 중력에 의해서 생기는 부분은 100년에 42.98"이고 나머지는 다른 행성들의 중력의 영향이다. 여기서 1"는 1/3600도의 각도를 말한다. 수성의 원일점이 한 바퀴 돌아서 제자리로 돌아오는 데에는 23,151년의 세월이 필요하다. 마찬가지로 지구도 세차운동을 하는데 그 주기는 대략 26,000년이라고 한다. 그런데 상대성이론에 의하면 태양의 중력에 의한 세차운동의 크기는 다음의 식에 의한다.

$$\delta\varphi_{prec} = 6\pi GM/c^2 a(1-\varepsilon^2)$$

$\delta\varphi_{prec}$: 세차운동각도 G: 만유인력상수 M: 태양의 질량

c: 빛의 속도 a: 공전궤도의 반지름 ε: 이심률

위에서 보는 바와 같이 각 행성에 따라서 달라지는 것은 공전궤도의 반지름과 이심률 뿐이다. 이 공식을 이용하여 각 행성의 태양에 의한 세차운동의 크기를 계산해보자.

〈표 2-2〉태양의 중력에 의한 세차운동 크기 계산

	공전 반지름, 10^6km	공전 주기, years	이심률	공전 속도, km/s	세차운동 각도, "(1/3600°)
수성	57.9	0.241	0.206	47.82	*42.98*
금성	107.8	0.615	0.007	34.89	*22.11*
지구	149.7	1	0.017	29.79	*15.92*
화성	227.7	1.881	0.093	24.09	*10.56*
목성	777.3	11.9	0.048	13.00	*3.07*
토성	1425.9	29.5	0.056	9.62	*1.68*
천왕성	2869.5	84	0.047	6.80	*0.83*
해왕성	4494.9	164.8	0.009	5.43	*0.53*

여기서 보는 바와 같이 태양의 중력에 의한 세차운동 각도는 태양에 가까운 행성이 가장 크고 태양으로부터 멀리 떨어질수록 작아진다. 위의 〈표 2-2〉에서 이탤릭체로 된 값들은 수성에 대한 값을 제외하고는 실험에 의해서 구한 값이 아니라 위의 식으로부터 계산한 값이다. 그런데 수성에 대한 관측만 가지고 상대성이론이 정확하다고 말할 수 있을까? 이와 같은 의문을 가지고 필자는 아래와 같이 다른 생각을 해보았다.

행성들은 우주먼지와 작은 입자들이 뭉쳐서 만들어졌다. 이들이 뭉쳐서 조금 더 큰 덩어리를 형성하고 이들이 다시 뭉쳐서 또 조금 더 큰 덩어리를 만들고 하는 과정을 거쳐서 지금의 행성이 되었다. 물체가 점점 커질수록 그 궤도가 안정적으로 될 것이다. 그리고 행성의 크기가 지금과 같은 크기가 되었을 무렵 그 행성의 공전궤도도 지금과 같은 모양이 되었을 것이다. 각 행성들은 그 크기가 지금과 같이 크게 되는 동안 수많은 덩어리들이 합치면서 그 운동량이 보존되었을 것이다.

또한 각 행성들은 다른 행성들과 서로 상호작용을 하면서 궤도를 지금과 같이 형성하였을 것이다. 만일 그 운동량이 너무 커서 포물선 궤도를 그리게 되었다면 그 행성은 태양계를 벗어나 우주 공간으로 사라져버렸을 것이다. 또한 운동량이 너무 작게 되었다면 궤도를 유지하지 못하고 태양 속으로 떨어져버렸을 것이다. 행성이 안정적으로 궤도를 유지하기 위해서는 타원이나 정원을 형성하는 수 밖에 없었을 것이다.

그런데 공전궤도가 정원이 되려면 그 행성이 형성되는 과정에서 운동량의 합이 그 궤도에서 정확히 태양에 대해서 수직방향으로 형성되었어야 한다. 그렇지 않고 그 운동량의 합이 조금 태양 쪽으로 향하거나 태양의 바깥 쪽으로 향하게 되면 타원을 형성하게 된다.

실제로 행성의 공전궤도가 정원을 형성할 가능성은 없다고 할 수 있다. 그리고 타원의 경우에도 정확하게 같은 자리를 도는 궤도는 만들어지기가 불가능할 것이고, 원일점과 근일점이 일정하게 움직이는 궤도가 일반적으로 형성될 수 있는 행성의 궤도이다. 즉, 세차운동을 하는 타원 궤도가 바로 행성이 형성되면서 만들어질 수 있는 궤도이다.

이것을 수식으로 표현하면 다음과 같다. 우선, 항상 같은 궤도를 움직이는 타원의 식은,

$$x(t)^2/a^2 + y(t)^2/b^2 = 1$$

가 된다. 이 식을 삼각함수로 표현하면,

$$x(t) = a\cos\theta(t)$$
$$y(t) = b\sin\theta(t)$$

이다. 그런데 이 궤도를 돌고 있는 행성이 원일점에 있을 때에, 어떤 천체가 공전궤도의 중심(태양) 방향에 대해서 수직의 방향으로 충돌하였다고 가정하자. 그러면 그 행성은 시계반대 방향으로의 각속도가 추가로 생기게 될 것이다. 이렇게 추가로 생긴 각속도를 원래의 타원 궤도와 섞어서 생각하지 말고, 이 각속도만큼 x와 y의 좌표축이 시계방향으로 회전한다고 보면 어떻게 될까?

다음 페이지의 그림과 같이 타원 궤도는 정지해 있고, x와 y의 좌표축이 시계방향으로 일정한 각속도 ω로 회전을 한다면,

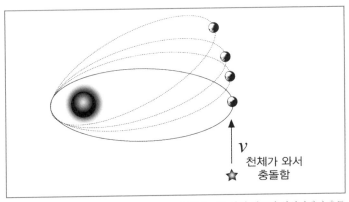

v

천체가 와서
충돌함

그림 2 - 22: 타원 궤도의 원일점에서 충돌

$$x(t) = a\cos[\theta(t)+\omega t]$$

$$y(t) = b\sin[\theta(t)+\omega t]$$

로 표현이 된다.

이것은 세차운동을 하는 행성의 궤도를 나타내는 것이다. 굳이 상대성이론으로 태양의 중력에 의한 공간의 휘어짐을 이용하지 않아도 행성의 세차운동을 설명할 수 있는 것이다. 행성이 형성되는 과정에는 무수히 많은 천체들의 충돌이 있었을 것이고, 이러한 충돌은 행성의 공전궤도의 이심률뿐만 아니라 세차운동의 각속도도 결정시켰을 것이다.

이를 확인하려면, 금성이나 지구의 세차운동에서 다른 행성

에 의한 영향을 빼고 상대성이론에 의한 세차운동의 크기를 측
정해 보면 될 것이다.

chapter 3

새로운 가설

1. 상대성이론 폐기가 주는 과학적 기회

　인류의 우주 탐사는 현재 놀라운 성과를 이루었다. 소설가 쥘 베른이『달세계 여행』이라는 소설에서 로케트에 대해서 쓸 당시만 해도 달이나 화성, 금성, 목성, 토성 등의 행성으로 우주선을 보내서 탐사를 한다는 것은 꿈도 꾸지 못했던 일이다. 그런데 지금은 화성 같은 행성으로 사람을 보내서 탐사를 하는 것을 연구하고 있는 실정이니 엄청난 발전을 한 것이다. 그러나 지금의 로케트 속도는 아직 만족할 만한 상태는 아닌 것 같다. 사람이 몇 달 동안 좁은 우주선에 갇혀 있어야 고작 제일 가까운 행성에 갈 수 있는 정도이니 말이다.

　지구가 태양을 공전하는 속도는 대략 30,000m/s 이다. 인간이 쏘아 올리는 로케트는 이 지구 공전속도에 추가로 속력을 더해서 가속시키는 것이다. 따라서 행성 간 로케트의 속도는 대략 30,000~40,000m/s 정도 된다. 이 속도로는 태양계 바깥으로의 여행은 불가능하다. 태양계 외부로의 여행을 이 속도로 하자면 태양계를 벗어나기도 전에 늙어 죽을 것이다. 태양계에서 가장 가까운 다른 항성 시스템으로 가자면 약 4.2광년의 거리를 날아가야 한다. 1광년은 빛이 1년 동안 날아가는 거리이므로,

$$(300,000km/s)\times(3,600s/h)\times(24h/d)\times(365d/y)$$
$$= 9,460,800,000,000km$$

가 된다. 4.2광년이면 위의 거리의 4.2배인 39,735,360,000,000km가 되며, 이 거리를 지금의 로케트로 날아가자면,

$$(39,735,360,000,000km)/(35,000m/s)/(3,600s/h)/(24\ h/d)/(365\ d/y)$$
$$= 36,000y$$

거의 3.6만 년의 세월이 걸린다. 문제는 인류의 문명이 발전해서 빛과 같이 빠른 우주선을 만들어 내더라도 100년의 시간이 걸린다는 것이다. 한편, 은하수의 직경이 10만 광년이니까 은하수 한쪽 끝에서 반대편 끝까지 가려면 빛의 속도로 날아가더라도 10만 년이 걸린다. 그리고 가장 가까운 은하 시스템인

마젤란은하까지는 빛의 속도로 가더라도 16.9만 년이 걸린다.

이러한 숫자를 보면 빛의 속도가 그리 빠른 속도가 아니라는 것을 알 수 있다. 우주는 왜 이리도 커서 골치를 썩이는가! 이렇게 불평만 할 일이 아니다. 무언가 방법이 있을 것이다. 만일 빛보다 빨리 이동할 수만 있다면 해결이 될 수 있다. 사실 빛보다 빨리 달릴 수 없다고 한 것은 상대성이론으로부터이다. 빛보다 빠를 수 없다고 하는 제약을 벗어나면 이 우주가 그냥 크기만 한 것은 아닐 수 있다.

앞의 절에서 말하였듯이 폭탄이 폭발한 우주와 폭탄이 폭발하지 않은 우주가 병존하지 않는 한, 빛의 속도는 불변하지 않으며, 따라서 빛의 속도보다 빠르게 날아가는 것도 가능한 일이다. 우리는 미래에 은하수 간의 우주여행도 할 수 있게 될 것이다.

참고로 빛의 속도에 도달하는 데에 얼마나 시간이 걸리는지 계산해보자. 인간이 견뎌낼 수 있는 중력가속도에는 제한이 있다. 그 값은 대략 지구 중력의 10배라고 한다. 따라서,

$$g = 9.8 m/s^2$$
$$a = 10g = 98 m/s^2$$
$$t = (vf - vi)/a$$
$$= (300{,}000 km/s - 0 km/s)$$

$$/(98m/s^2)/(3600s/h)/(24h/d)$$

$$= 35.43d$$

이와 같이 한 달 조금 넘게 가속을 하면 빛의 속도에 도달할 수 있다. 우리의 일상생활에서 빛의 속도와 같이 빠르게 움직이는 물체를 다루는 경우는 거의 없다. 물론 라디오, TV 등의 가전제품은 전자기파를 이용하는 것이긴 하지만 이것은 그 현상을 이용만 하는 것이지 그 속도가 관건이 되는 것은 아니다. 다만, GPS는 상대성이론의 원리를 적용했다고 한다.

한편 입자물리학에서는 입자가속기를 사용하여 입자를 매우 빠르게 가속시켜서 거의 빛의 속도에 근접한 상태에서 입자들이 충돌하는 현상을 연구하고 있다.

이렇게 입자물리학에서는 상대성이론을 근거로 하여 연구가 진행되고 있으나, 만일 상대성이론이 아니라 뉴턴역학에 의해서 재해석이 된다면 아직까지 몰랐던 새로운 결과들을 얻을 수 있을지도 모른다. 현대물리학은 아인슈타인의 상대성이론과 양자역학의 두 개를 기초로 하여 성립해 왔다. 19세기까지의 뉴턴역학은 그 자리를 상대성이론에 내어 주었다. 입자물리학 뿐만이 아니라 온갖 분야의 물리학이 현재는 상대성이론과 연관되어 있다. 수많은 새로운 학설이 나올 수도 있는 것이다.

현대의 우주론은 그 기반을 상대성이론에 두고 있다. 천문학적인 관점으로 보면 움직이는 속도가 매우 커서 빛의 속도와 견주어지므로 상대성이론을 적용하여야 한다고 생각되는 것이다. 허블에 의해서 관측된 별빛의 도플러효과나, 먼 거리에 있는 별의 빛이 그 앞에 있는 은하의 중력에 의해서 휘어져 우리에게 관측이 되는 현상인 중력렌즈 현상 등은 대표적인 예이다. 이러한 것들이 새롭게 조명된다면 재미있는 결과를 볼 수도 있을 것이다.

입자설

빛은 전자기학의 발전 과정에서 맥스웰의 파동방정식 이후 파동으로 인식되었다. 그런데 아인슈타인의 광전효과에 대한 해석이나 콤프턴의 실험은 빛을 하나의 입자로 볼 수도 있음을 보여준다.

1) 광전효과

광전효과라는 것은 빛을 금속 표면에 비춰주면 금속 표면에서 전자가 튀어 나오는 것을 말한다. 금속 내에서 전자는 전자구름을 형성하고 있다. 금속 결합은 각 금속이 자신의 최외각 전자를 내어 놓고 양전하를 가진 상태로 존재하며, 모든 금속들이 내어 놓은 전자들을 서로 공유하면서 음전하와 균형을 맞추고 있는 것이다. 따라서 금속 내의 전자들은 금속 내에서는 자유로우면서도 전체적으로 금속 안에 결합되어 있는 것이다. 이 전자를 금속 바깥으로 떼어내려면 에너지가 필요하다. 이 에너지를 공급해주는 방법중의 하나가 빛을 쬐어 주는 것이다. 빛은 전자기파동으로서

$$E = h\nu$$

h: 플랑크 상수 ν : 빛의 진동수

로서, 진동수(ν)에 비례하는 에너지를 갖고 있다. 그런데 재미있는 것은, 아무 빛이나 광전효과를 일으키지는 않는다는 것이다. 낮은 진동수의 빛, 다시 말해서 에너지가 낮은 빛은 전자를 튀어나오게 하지 못한다. 어느 정도 이상의 에너지를 가진 빛만이 전자를 금속으로부터 튀어나오게 한다. 이렇게 전자가 튀어나오게 할 수 있는 빛의 최소 에너지를 문턱에너지(threshold energy)라고 한다. 또한 문턱에너지 이상의 에너지를 갖는 빛의 양을 증가시키면, 튀어나오는 전자의 에너지가 증가하는 것이 아니라 튀어나오는 전자의 개수가 증가한다. 각각의 전자 에너지는 일정하다. 튀어나오는 전자의 운동에너지를 증가시키려면 쬐어 주는 빛의 에너지를 증가시켜야 한다. 높은 에너지의 빛을 소량 쬐어 주면, 튀어나오는 전자의 개

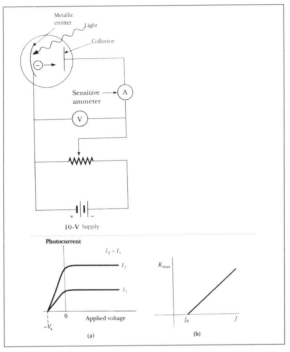

그림 3−1: 광전효과와 에너지 그래프

수는 소량이지만 각각의 전자 운동에너지는 높다.

　이러한 현상을 설명하기 위해서 아인슈타인은 빛을 하나의
입자로 볼 수 있다고 하였다. 각각의 빛 알갱이 하나(photon)
는 각각 하나의 전자와 충돌한다. 충돌한 빛의 에너지가 문턱
에너지보다 작으면 입사된 빛의 에너지로는 전자를 금속 바깥
으로 끌어내지 못한다. 입사된 빛의 에너지가 문턱에너지보

다 크면 전자를 금속 바깥으로 튀어나오게 한다. 이때 튀어나오고 남는 에너지는 다른 전자를 추가로 튀어나오게 하는 것이 아니라 충돌한 전자의 운동에너지를 크게 한다. 이것을 수식으로 표현하면 다음과 같다.

$$K_{max} = h\nu - \emptyset$$

K_{max}: 전자의 운동에너지 $\emptyset$: 문턱에너지

이렇게 해서 빛은 연속된 파동이 아니라 불연속적인 알갱이라는 개념이 형성되었다. 이러한 빛의 알갱이를 광자(photon)라고 한다.

2) 콤프턴 효과

빛이 하나의 알갱이로서의 성질을 갖는다는 것을 증명하는 또 하나의 실험이 콤프턴이라는 물리학자에 의해서 행해졌다. X선을 금속 표면에 쪼이면 금속 표면에 있던 전자가 X선과 충돌하여 튀어 나간다. 이때 충돌에 의해서 전자는 운동에너지를 갖고 튀어 나가는데, 이 에너지만큼 X선은 에너지를 잃게 된다. 전체적으로 에너지보존법칙이 성립하는 것이다.

에너지가 줄어들기 때문에 X선의 파장은 길어지고 진동수는 작아진다. 또한 이 충돌은 탄성충돌이기 때문에 모멘텀

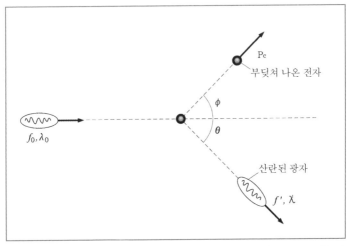

그림 3- 2: 콤프턴 효과

(Momentum) 보존의 법칙도 성립한다. 즉, X선은 전자가 튀어
나가는 방향의 반대방향으로 산란되며, 그 산란 각도는 전자가
튀어나가는 각도와 상관관계가 있다. 이 실험이 있기 전에는
빛은 파동으로 생각되었기 때문에, 전자는 튀어나가는 것이 아
니라 X선이 진행하는 방향으로 가속이 되고 그 자리에서 진동
을 하면서 그 진동에너지를 다시 전자기파로서 방출할 것으로
생각하였고, 전자가 튀어나가는 메커니즘도 충돌이 아니라 전
자기파의 파동에 의한 요동으로 생각되고 있었다.

이 실험은 빛이 입자로서의 성질을 갖는다는 것을 보여주는
또 하나의 증거이다. 이 실험의 수식적인 해석은 다음과 같다.

우선 에너지 보존법칙으로부터,

$$E + m_e c^2 = E' + E_e$$

E: 입사 X선의 에너지 m_e: 전자의 질량 E': 산란 X선의 에너지

E_e : 충돌 후의 전자의 총에너지

다음 운동량 보존법칙으로부터,

$$p = p' \cos\theta + p_e \cos\varphi$$

p: 입사 X선의 운동량 p': 산란 X선의 운동량 θ: X선의 산란 각
도 p_e: 산란전자의 운동량 φ: 산란전자의 산란 각도

$$p' \sin\theta = p_e \sin\varphi$$

운동량 보존법칙에 의한 위의 2개의 식으로부터,

$$p_e^2 = (p')^2 + p^2 - 2pp' \cos\theta$$

이 된다. 한편,

$$E = hf$$

h: 플랑크 상수 f: X선의 진동수

이고, 상대성이론으로부터 질량이 있는 경우,

$$E^2 = p^2c^2 + m^2c^4$$

이고, 질량이 없는 경우는

$$E = pc$$이므로,

$$p_{photon} = E/c = hf/c = h/\lambda$$

이다. 그리고 에너지보존법칙으로부터,

$$E_e = hf - hf' + m_ec^2$$

   f: 입사 X선의 진동수 f': 산란 X선의 진동수

$$p_e^2 = (hf'/c)^2 + (hf/c)^2 - (2h^2ff'/c^2)\cos\theta$$

의 식들이 유도된다. 이 식들을 위에서 나온 상대성이론에 의한 식인 $E^2 = p^2c^2 + m^2c^4$에 대입하면,

$$\lambda' - \lambda_0 = (h/m_ec)(1 - \cos\theta)$$

의 결과가 나온다.

파동설

최초에 빛은 전자기파동으로 생각되었다. 그러다가 광전효과와 콤프턴효과 실험들에 의해서 하나의 알갱이(quantum)로도 생각되기 시작하였다. 그런데 드브로이(De Broglie)는 물질 자체도 파동의 성격이 있다는 가설을 내놓았다.

1) 드브로이의 물질파(matter wave)

드브로이는 빛이 파동성과 입자성을 모두 가지고 있다는 데서 더 나아가 모든 물질은 파동성과 입자성을 가지고 있다고 제안하였다. 물질파의 파장과 진동수는 각각 다음과 같이 표현되었다.

$$\lambda = h/p$$

λ: 물질파의 파장 h: 플랑크 상수 p: 물질의 모멘텀(momentum)

$$f = E/h$$

f: 물질의 진동수 E: 물질의 총에너지

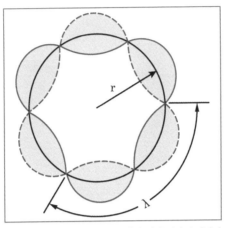

그림 3-3: 원자 내의 전자의 정상파

이 개념은 전자가 원자핵을 회전하는 모델을 파동적으로 설명할 수 있다.

전자가 원자핵을 회전하는 원이 전자의 파장의 정수 배가 될 때 매우 안정된 궤도가 된다는 것을 알 수 있다. 즉,

$$n\lambda = 2\pi r$$

r: 전자가 원자핵을 회전하는 원의 반지름

이러한 설명은 기존의 원자 모델인 보어가설에 의한 방정식과 일치한다. 여기서 재미있는 것을 하나 보이고자 한다. 드브로이 가설로부터 상대성이론에서 중요하게 여기는 공식을 유

도할 수 있다. 다름이 아니라 $E = mc^2$ 이다. 드브로이 가설은

$$\lambda = h/p$$

이다. 한편,

$$p = mv이므로,$$
$$mv\lambda = h \text{ 가 된다.}$$

또한

$$c = \lambda \nu$$
$$\nu : 진동수 \text{ 이므로,}$$
$$mvc = h \nu$$

가 된다. 한편 에너지 E는

$$E = h \nu = mvc$$

가 된다. 여기서 v는 물질 내부에서의 물질파의 속도이고, 그 속도가 빛과 같은 속도라고 가정하면, v = c이므로,

$$E = h\nu = mvc = mc^2$$

이 된다. 이와 같이 물질파의 개념으로 상대성이론에서 제시하는 이론을 설명할 수 있는 부분이 있을 것이다.

이뿐만 아니라 앞에서 설명한 콤프턴 효과도 상대성이론이 아니라 드브로이 가설로써 설명할 수도 있다. 굳이 상대성이론을 적용하지 않아도 된다. 그 내용은 다음과 같다.

$$p = mv$$

위의 식에서 물질이 빛이라면,

$$p = m_c C$$

$\quad m_c$: 빛의 질량

이므로, 운동량 보존의 법칙에서 다음의 2개의 식이 나온다.

$$m_c C = m_e{}'v\cos\varphi + m_c{}'c'\cos\theta$$

m_c: 입사 X선의 질량 c: 입사 X선의 속도 $m_e{}'$: 산란된 전자의 질량

v: 산란된 전자의 속도 φ: 전자의 산란각 $m_c{}'$: 산란된 X선의 질량

c': 산란된 X선의 속도 θ: X선의 산란각

$$m_e\text{'}v\sin\varphi = m_c\text{'}c\text{'}\sin\theta$$

위의 2개의 식으로부터,

$$m_e\text{'}^2v^2 = m_c^2c^2 + m_c\text{'}^2c\text{'}^2 - 2m_cm_c\text{'}cc\text{'}\cos\theta$$

$$m_e\text{'}v^2 = (1/m_e\text{'})(m_c^2c^2 + m_c\text{'}^2c\text{'}^2 - 2m_cm_c\text{'}cc\text{'}\cos\theta)$$

한편 운동에너지는 $E_k = (1/2)mv^2$이므로,

$$(1/2)m_e\text{'}^2v^2 = m_cc^2 - m_c\text{'}c\text{'}^2$$

이다. 그러므로,

$$m_cm_e\text{'}c2 - m_c\text{'}m_e\text{'}c\text{'}^2$$
$$= (1/2)(m_c^2c + m_c\text{'}^2c\text{'}^2 - 2m_cm_c\text{'}cc\text{'}\cos\theta)$$

빛의 속도가 변하지 않는다고 가정하면 $c = c\text{'}$이다. 그러면,

$$m_e\text{'}(m_c - m_c\text{'})c^2$$
$$= (1/2)(m_c^2 + m_c\text{'}^2 - 2m_cm_c\text{'}\cos\theta)c^2$$

$$= (1/2)[(m_c - m_c{}')^2 + 2m_c m_c{}'(1 - \cos\theta)]$$

$$m_e{}' = (m_c - m_c{}')/2 + m_c m_c{}'(1 - \cos\theta)/(m_c - m_c{}')$$

빛의 질량은 크게 변하지 않는 것으로 보면, $(m_c - m_c{}') = 0$ 이므로,

$$m_e{}' = m_c m_c{}'(1 - \cos\theta)/(m_c - m_c{}')$$

$$(m_c - m_c{}')/m_c m_c{}' = (1/m_e{}')(1 - \cos\theta)$$
$$1/m_c{}' - 1/m_c = (1/m_e{}')(1 - \cos\theta)$$

가 유도된다. 여기서 드브로이의 가설 $mv\lambda = h$ 를 적용하면,

$$1/m_c{}' = c\lambda{}'/h$$
$$1/m_c = c\lambda/h$$

이므로,

$$c\lambda{}'/h - c\lambda/h$$
$$= (1/m_e{}')(1 - \cos\theta)$$

$$\lambda' - \lambda = (h/ m_e'c)(1 - \cos\theta)$$

가 된다. 이것은 상대성이론을 이용하지 않고 드브로이 가설만을 이용하여 유도한 것이다. 이와 같이 상대성이론을 적용하지 않아도 물리학적으로 해석할 수 있는 것이다. 단, 여기서는 빛은 입자와 충돌할 때 빛의 질량은 변하지 않는 것으로 가정하였다. 이에 대해서는 좀 더 고찰이 필요할 것이다.

2) 전자의 회절(Electron diffraction)

실제로 데이비슨(Davisson)과 거머(Germer)는 전자의 파동성을 이용해서 회절현상을 관측하였다. 그들은 전자를 니켈(Nickel) 금속판에 쪼이고 전자가 산란되는 각도를 측정하였다. 전자가 금속의 결정구조에 입사될 때 전자가 순전히 입자의 성질만을 가지고 있다면 어떠한 무늬도 만들어 내지 않을 것이다. 그러나 실험의 결과는 다음 페이지의 그림과 같이 파동의 회절에 의한 무늬를 만들어 낸다. 이로써 전자와 같은 입자도 파동성을 가지고 있다는 것이 증명되었다.

이러한 실험은 전자만으로 그치지 않고 헬륨 원자, 수소 원자, 그리고 중성자에 의한 실험도 수행되었으며, 모든 실험에서 회절무늬가 관찰됨으로써 모든 물질은 입자성뿐만 아니라 파동성도 가지고 있다는 것을 알게 되었다.

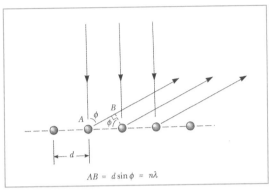

$$AB = d \sin \phi = n\lambda$$

그림 3-4: 전자의 간섭현상

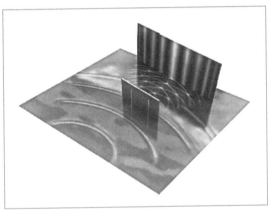

그림 3-5: 전자에 의한 회절무늬

제2부
양자역학이론의 오류와 새로운 가설

chapter 4

양자역학과 슈뢰딩거방정식

1. 양자역학의 이해

양자역학은 모든 물질은 하나의 작은 알갱이, 즉 양자 (quantum)로 존재한다고 가정하고 각각의 양자의 존재 여부를 확률적으로 표현하는 것이다. 확률은 그 양자의 상태함수를 제곱하고 특정 범위 내에서 적분하여 구한다. 따라서 양자역학에서는 주어진 물리적 조건으로부터 어떻게 상태함수를 유도하느냐가 관건이 된다. 슈뢰딩거방정식은 이러한 과정에서 쓰이는 미분방정식이다. 예를 들어, 질량 m의 물질이 위치에너지 V와 운동에너지 $(1/2)mu^2$을 갖고 있다고 가정하고, 이 물질의 파동함수 Ψ를 구하자. 파동함수는 sine함수적으로 표시가 되려면 2차 미분방정식이 되어야 하므로,

$$\nabla^2\Psi+(2\pi/\lambda)^2\Psi = 0$$

λ: 물질의 파장 Ψ: 물질의 상태함수 또는 파동함수

이와 같이 표시된다. 여기서 드브로이의 가설을 적용하면, p
의 모멘텀(momentum)을 가진 물질의 파장은 h/p가 되므로

$$2\pi/\lambda = 2\pi p/h$$
$$\nabla^2\Psi+(2\pi p/h)^2\Psi = 0$$

또한 $p^2 = 2m(E-V)$이므로,

$$\nabla^2\Psi+(8\pi2m/h2)(E-V)\Psi = 0$$

가 되며, 이것은 슈뢰딩거가 1926년에 처음으로 발표한 방정
식이다. 이 미분방정식을 기본으로 하여 각각의 물리적인 조
건에 따라 E와 V의 식을 변화시켜서 조건에 맞는 파동함수를
구할 수 있다. 양자역학은 이와 같이 물질의 입자성과 파동성
을 동시에 적용하여 물질의 상태를 구한다. 그러나 이 방법은
물질의 상태를 확률적으로만 계산할 수 있기 때문에 양자역학
은 매우 어려워진다.

2. 하이젠베르크의 불확정성원리

하이젠베르크(Werner Heisenberg)는 1927년에 불확정성원리(Uncertainty principle)를 발표하였다. 그 내용은 어떤 입자이든지 그입자의 위치와 운동량을 동시에 정밀하게 관찰할 수는 없다는 것이다(It is impossible to determine simultaneously with unlimited precision the position and momentum of a particle).

이 이론은 사실은 드브로이의 가설로부터 출발한 것이다. 드브로이의 물질파를 수학적으로 입자에 적용하는 방법의 하나로서, 입자를 여러 가지의 다른 파장을 갖는 파동의 합성으로 보는 것이다. 서로 다른 파장을 갖는 파동을 합성하면 137페이지의 〈그림 4－1〉과 같이 파동에 맥놀이와 같은 형태가 나타난다. 수식으로 살펴보면 일반적인 파동의 식은 다음과 같이 이루어진다.

$$y = A\cos\{2\pi x/\lambda - 2\pi ft$$

여기서 $\omega = 2\pi f$라 하고, $k = 2\pi/\lambda$라 하면,

$$y = A\cos(kx - \omega t)$$

ω: angular frequency k: wave number

로 표시된다. 두 개의 파동이 합성이 되면,

$$y = y_1 + y_2$$
$$= A\cos(k_1 x - \omega_1 t)$$
$$+ A\cos(k_2 x - \omega_2 t)$$
$$= 2A\cos\{(k_2 - k_1)x - (\omega_2 - \omega_1)t\}$$
$$\cos\{(k_2 + k_1)x - (\omega_2 + \omega_1)t\}$$
$$= 2A\cos(\triangle kx - \triangle\omega t)$$
$$\cos\{(k_2 + k_1)x - (\omega_2 + \omega_1)t\}$$

로 된다. 여기서 $\triangle k = k_2 - k_1$이고, $\triangle\omega = \omega_2 - \omega_1$이다. 다음 페이지의 〈그림 4－1〉과 같다.

이 그림에서 짧은 파장과 높은 진동수를 갖는 파동과 긴 파장과 낮은 진동수를 갖는 파동이 나타나는데, 높은 진동수를

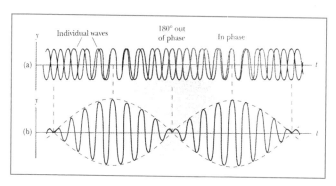

그림 4 − 1: 파동의 합성

갖는 파동이 이동하는 속도를 phase velocity라고 하고, 낮은 진동수를 갖는 파동이 이동하는 속도를 group velocity라고 한다. 각각의 속도는 다음의 식으로 표시된다.

$$v_P = (\omega_2 + \omega_1)/(k_2 + k_1)$$

$$v_g = (\omega_2 - \omega_1)/(k_2 - k_1)$$

$$= \varDelta\omega/\varDelta k$$

$$v_P = \text{phase velocity} \quad v_g = \text{group velocity}$$

다시 위의 그림을 보면 짧은 파장의 파동과 긴 파장의 파동이 있는데, 긴 파장의 파동을 하나의 입자로 보고, 긴 파동 안의 짧은 파동을 그 입자의 물질파로 볼 수 있다. 이것은 물질파

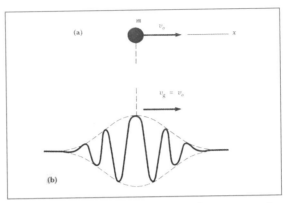

그림 4 - 2: Wave packet

를 아주 간단하게 도식화한 것이다.

위의 식에서 하나의 입자로 볼 수 있는 긴 파동은 아래와 같다.

$$y = A\cos\{(k_2 - k_1)x - (\omega_2 - \omega_1)t\}$$
$$= A\cos(\varDelta kx - \varDelta \omega t)$$

여기서 하이젠베르크의 불확정성의 원리가 나온다. $t = 0$인 경우, $\varDelta kx_1 = 0$에서 $\varDelta kx_2 = 2\pi$까지 변할 때 하나의 긴 파장이 형성되므로,

$$\varDelta k \varDelta x = 2\pi$$

가 된다. 여기서 $\varDelta k$는 입자의 파장과 관계가 되고 $\varDelta x$는 그 파장이 공간상에서 차지하는 부피가 된다. 그리고 $\varDelta k$와 $\varDelta x$의 곱은 일정하다. 즉, 두 개 파동의 파장 차이가 작으면 합성된 합성파가 공간에서 차지하는 부피는 커지고, 반대로 두 개 파동의 파장 차이가 크면 합성파가 공간에서 차지하는 부피는 작아진다. 그리고 입자의 파장은 그 입자의 운동량이나 에너지와 관계가 된다. 즉,

$$\varDelta p_x = (h/2\pi)\varDelta k$$ 이므로,

$$\varDelta p_x \varDelta x \geq h/4\pi$$

가 나온다.

즉 운동량의 측정오차 $\varDelta p_x$와 위치측정의 오차 $\varDelta x$의 곱은 $(h/4\pi)$보다 클 수밖에 없다는 것이다. 운동량을 정확히 측정해서 $\varDelta p_x$의 값을 아주 작게 하면 위치측정의 오차 $\varDelta x$가 커지게 된다는 것이다. 그리고 그 반대도 마찬가지이다. 따라서 둘 중 한 가지는 불확실할 수밖에 없는 것이다. 이것이 하이젠베르크의 불확정성의 원리이다.

그런데 여기에 하나의 논리의 비약이 있는 것 같다. 최초의 $\varDelta k$의 의미는 두 개의 파동의 파장의 차이에서 비롯된 것이

다. 두 개의 파동의 파장의 차이가 맥놀이를 일으키면서 wave packet을 형성한다. 그런데 하이젠베르크의 불확정성의 원리에서는 $\triangle k$의 의미를 측정오차로 보고 있는 것이다. 사실은 $\triangle k$의 의미는 측정오차라기보다는 그 입자가 물질파로서 갖고 있는 파동의 성질을 표현하고 있는 것이다. $\triangle k$는 그 입자의 물질파로서의 파동의 파장을 규정하는 것이다. 파장이 규정되면 그 입자의 운동량이나 에너지가 결정이 된다. 즉, $\triangle k$는 그 자체로서 입자의 상태를 결정하는 하나의 값이지 오차가 아닌 것이다. 마찬가지로 $\triangle x$도 그 입자의 물질파로서의 파동이 공간상에서 차지하는 부피를 나타내는 것이지 측정오차는 아니다.

이를 바탕으로 하이젠베르크의 불확정성의 원리를 다시 표현하면 다음과 같다. '어떤 입자의 물질파의 $\triangle k$가 크면, 즉 파장이 짧아서 높은 에너지를 가지고 있으면, 그 입자가 공간상에서 차지하는 부피 $\triangle x$는 작아진다. 반대로 그 입자의 물질파의 $\triangle k$가 작으면, 즉 파장이 길어서 낮은 에너지를 가지고 있으면, 그 입자가 공간상에서 차지하는 부피는 커진다.' 하이젠베르크의 불확정성원리는 이렇게 보아야 하지 않을까? 파장이 짧아지면 당연히 공간상에서의 부피는 작아질 것이고, 파장이 길어지면 공간상에서 차지하는 부피는 커지는 것이 당연하다. 물론 입자의 공간상의 부피가 커지면, 즉 그 입자가 공간상에 퍼져있으면, 그 입자의 어느 부분과 충돌하느냐에 따라서 충돌 후의 결과가 달라지고 따라서 부정확한 결과를 얻을 수 밖에 없을 것이다. 하지만 측정오차 자체가 불확정성의 원리에 따라가는 것은 아닌 것 같다. 하이젠베르크의 불확정성원리 중 또 하나의 중요한 것으로서 에너지와 시간과의 관계가 있다.

$$y = A\cos(\varDelta kx - \varDelta \omega t)$$

의 식에서 $x = 0$인 경우, 즉 한 곳의 위치에서 시간의 변화에 따른 것을 보자. $\varDelta \omega t1 = 0$부터 $\varDelta \omega t = 2\pi$까지 변할 때 하나의 긴 파장이 형성되므로

$$\varDelta \omega \varDelta t = 2\pi$$

이로부터

$$\varDelta E \varDelta t \geq h/4\pi$$

가 나온다. 이것은 $E = (h/2\pi)\omega$로부터 유도된다. 이것도 $\varDelta t$가 아주 작은 경우, 즉 아주 짧은 시간 동안은 $\varDelta E$가 매우 커질 수 있다는, 즉 순간적으로는 거의 무한대의 에너지를 가질

수 있다는 하이젠베르크의 해석보다는, $\Delta\omega$가 합성파동의 하나의 상태를 말하는 것으로서 진동수가 커지면 한 번 진동하는 데 걸리는 시간이 짧아진다는 식으로 해석을 해야 맞을 것 같다. 마찬가지로 진동수가 크면 에너지도 커지므로, 당연히 에너지가 커지면 한 번 진동하는 데에 걸리는 시간이 짧아진다고 해석해야 할 것이다.

3. 입자와 파동의 이중성 가설

만일 물질의 상태를 확률통계적인 방법이 아닌, 다시 말해서 직접적인 방법으로 물질의 거동을 알아낼 수 있다면 물리학이 조금 쉬워지지 않을까? 여기서는 그 가능성을 한번 살펴본다.

1) 기본적인 개념

우선 물질이 입자성과 파동성을 공히 가지고 있다는 것으로 부터 기준을 잡아보자.

입자성을 가지기 위해서는 공간상의 한 점을 그 위치로서 차지해야 한다. 그 점은 무한소로서 그야말로 부피를 가지지 않는 한 점이다. 그 다음 파동성을 가지기 위해서 그 물질은 위의

한 점을 중심으로 해서 드브로이의 물질파와 같은 파동을 형성한다. 물질파는 자연계에 존재하는 4가지의 힘과 같이 4종류의 파동이 있다. 원자핵 속의 강한 핵력에 해당하는 강한 핵력 물질파(strong force wave), 전자기적인 현상에 해당하는 전자기파(electromagnetic wave), 약한 핵력에 해당하는 약한핵력 물질파(weak force wave), 만유인력에 해당하는 중력파(gravity wave) 들이다. 물질 간의 상호작용은 이러한 물질파들 간의 상호작용에 의해서 일어난다. 그리고 각 물질파들은 아직 알려지지 않은 메커니즘에 의해서 서로 간에 변환될 수 있다.

이렇게 가정하고 각 물질파들의 형태와 성질을 파악하면 아직 알려지지 않은 많은 물리학적 성과를 얻을 수 있을 것이다. 현재 원자력 발전과 같이 질량이 열에너지로 변환되는 것은 강한 핵력 물질파와 중력파 사이의 상호작용으로부터 전자기파 에너지로의 변환이 일어난 것으로 해석할 수도 있다. 또한 이러한 개념은 현대물리학에서 의문으로 남아 있는 문제들을 풀어내는 데에 도움이 될 수도 있다.

그 예로서 다음의 빛의 회절에 대한 해석을 보도록 하자.

2) 빛의 회절

빛의 회절은 1803년에 토머스 영(Thomas Young)에 의하여 행해진 실험이다. 이 실험에 의해서 빛은 파동이라는 것이 밝혀졌다.

빛이 슬리트를 통과한 후 뒤에 있는 스크린에 맺히는 영상을 보는 실험이다. 슬리트는 이중으로 만들어 놓고, 하나의 슬리트를 막았다가 열었다 하면서 스크린에 비춰지는 영상을 보는 것이다.

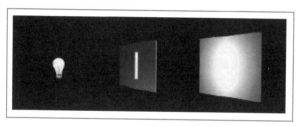

그림 4-3: 영의 빛의 회절 실험

슬리트 하나를 막아놓고 하나의 슬리트만을 통과하는 경우에는 다음 페이지 〈그림 4-4〉의 왼편 그림과 같이 하나의 밝은 영상이 맺힌다.

그런데 슬리트를 둘 다 열어놓고 빛을 비추면 〈그림 4-4〉의 오른편 그림과 같이 밝은 곳과 어두운 곳이 번갈아 나온다. 그리고 밝기는 가운데가 제일 밝고 중심에서 멀어질수록 어두

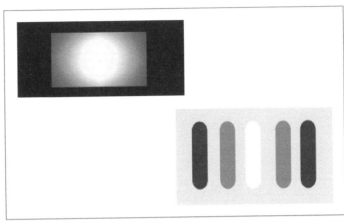

그림 4 - 4: Single slit 영상과 double slit 영상

위진다. 이러한 현상은 빛의 간섭에 의한 것으로 밖에 설명할
수 없고, 따라서 빛은 파동이라는 결론이 나왔다. 입자는 간섭
현상을 일으키지 않기 때문이다.

그러나 그 후 아인슈타인이 빛을 광자(photon)로 설명을 했
기 때문에 물리학자들은 광자의 개념을 이 실험으로 확인하고
자 했다. 광자는 하나의 알갱이로 보기 때문에 입자설에 해당
한다. 따라서 아인슈타인의 광자의 개념이 성립하려면 이 이
중 슬리트 실험도 설명할 수 있어야 했다. 실험은 광자 하나씩
쏘아주면서 결과를 관측하는 것이었다. 슬리트 하나만을 열어
놓고, 광자를 하나씩 쏘아주면서 하나의 슬리트만을 통과하도
록 하였다. 그리고 스크린에 광자가 부딛힌 자리를 표시를 하

였다.

실험이 진행될수록 스크린에 표시된 자리가 늘어나고, 횟수가 증가할수록 그 모양은 앞의 〈그림 4-4〉의 왼편 그림과 같이 되었다. 광자가 하나씩 쏘아지면서 만들어내는 무늬가 한꺼번에 다량의 빛을 쏘았을 때에 만들어지는 무늬와 똑같이 나온 것이다. 또한 슬리트를 둘 다 열어놓고 광자를 하나씩 쏘아주면서 실험하면, 〈그림 4-4〉의 오른편과 같이 나온다. 즉, 광자를 하나씩 쏘아주면서 나오는 결과를 모은 것과 빛을 한꺼번에 다량으로 비춰줄 때 나오는 무늬가 똑같다는 것이다.

빛을 다량으로 한꺼번에 쏘아줄 때는 빛이 서로 간에 간섭을 일으켜 무늬를 만든다고 생각했었다. 그러나 빛을 광자 하나씩 쏘아줄 때도 똑같은 결과가 나오자 물리학자들은 어리둥절하게 되었다. 서로 간섭을 일으킬 광자가 없이 단독으로 진행하는데도 간섭현상과 같은 결과가 나온 것이다.

물리학자들은 이 현상을 설명하기 위해서 확률이론을 도입하였다. 광자 하나하나가 스크린의 어느 곳에 충돌할지는 미리 알 수 없고 단지 확률적으로 일어날 뿐이라는 것이다. 그리고 이것은 양자역학으로 그 확률값을 계산할 수 있다는 것이다.

그러나 이것은 메커니즘의 핵심을 비켜가는 방법이다. 실제로 일어나는 사건을 사건 그 자체로 알아내는 것이 아니라, 그 사건이 일어날 확률만을 구하는 것이다. 그러면 간섭이 일어날 광자가 옆에 없는데도 간섭이 일어난 것과 같은 결과가 어떻게 해서 일어나는 것일까?

이에 대한 답을 찾으려면 필자가 앞의 절에서 소개한 개념을 이용해야 할 것이다. 즉, 모든 물질은 입자성과 파동성을 동시에 갖추고 있다는 것 말이다. 광자 알갱이 하나가 중심이 있는 입자이면서 그 자체로 파동운동을 한다고 가정하면 이 문제가 설명이 된다. 광자는 스스로 간섭을 일으키는 것이다! 옆에 다른 광자가 있다면 그 광자와도 간섭을 일으키겠지만 단독으로서도 파동이기 때문에 간섭현상이 생기는 것이다. 그런데 입자이면서 스스로 파동운동을 한다는 것은 무엇인가? 이것에 대해서 조금 더 살펴보도록 한다.

3) 파동입자 또는 입자파동

현대물리학에서 입자를 파동으로 설명할 때에 wave packet 이라는 단어를 사용한다. 아마도 이 개념을 사용하면 조금 쉽게 이해할 수 있을 것이다. Wave packet에서 입자성은 파동의 중심에서 나타나고, 파동성은 그 파동의 주변에서 감지된다.

앞에서 설명했듯이 빛은 전자기파를 물질파로서 갖고 있다.

이 파동은 그 중심으로부터 전후 상하 좌우로 대칭적으로 퍼져 나간다. 그리고 그 파동의 에너지의 대부분은 중심부에 존재한다. 그리고 바깥에 아무런 장애물이 없으면 계속 바깥으로 퍼져 나간다. 최초에 빛 알갱이(photon)가 다른 물질로부터 만들어지거나 다른 물질에서 튀어나올 때는 그 파동이 미치는 영역이 아주 좁지만 시간이 지남에 따라, 그리고 주변의 제약에 영향을 받으면서 공간상으로 퍼져 나간다.

이 파동을 수식으로 표현한 것이 맥스웰의 방정식이다. 이 파동은 맥스웰의 방정식에서 보는 대로 광속으로 움직인다. 맥스웰의 방정식은 이렇게 빛의 phase를 설명하는 방정식이다. 그러나 그 빛의 중심이 이동하는 속도는 맥스웰의 방정식과는 직접관련이 없다. 다만 실제로 빛이 생성될 때는, 다시 말해서 광자가 생성될 때는 전자기적인 메커니즘에 의해서 생성되므로, 광자를 생성하는 물질로부터 광속으로 튀어나오게 된다. 광자를 생성하는 물질이 어떤 속도를 가지고 있다면, 그 광자의 속도는 광속 c와 그 물질의 속도 v를 합한 속도 (c+v)를 갖게 될 것이다.

우리가 통상적으로 측정하는 빛의 속도는 매우 크기 때문에 광자를 생성하는 물질의 속도는 보통 무시된다. 또한 빛의 물질파로서의 파동이 전파하는 속도가 광속이기 때문에 빛의 속도는 그보다 크게 측정이 될 때도 있을 것이다.

다음에 강한 핵력에 대해서 알아보자. 강한 핵력은 원자핵의 지름 정도의 거리에서는 매우 높은 힘을 발휘하지만 그보다 먼 거리에서는 그 영향력이 아주 작아진다. 현대물리학에서는 이 현상을 π − 중간자의 주고받음으로 설명하고, 무(無)로부터의 π − 중간자의 생성은 하이젠베르크(Werner Heisenberg)의 불확정성원리로 그 가능성을 뒷받침한다.

$$\varDelta E \varDelta t \geq h/4\pi$$

$\varDelta$E: 에너지 변화 $\varDelta$t: 시간의 길이 h: 플랑크 상수

즉, 아주 짧은 시간 동안은 에너지가 상당히 큰 상태를 가질 수 있다는, 에너지보존법칙이 성립하지 않아도 무방하다는 법칙이다. 물론 이렇게 설명을 해도 무방하겠지만 강한 핵력 물질파 개념을 도입해서 설명을 할 수도 있지 않을까? 강한 핵력 물질파는 그 파동의 운동이 그 물질의 중심으로 압축되어 있어서 아주 근거리에서만 영향력을 미치고 그 바깥에서는 별 영향력이 없어진다고 말이다.

물론 기존에 잘 설명되고 있는데 무슨 말이냐고 할 수도 있다. 그리고 각각의 물질파를 정의해야 하는 문제도 있다. 이것이 더 커다란 일이 될 것이다. 그러나 이러한 방식으로 약한 핵력 물질파, 그리고 중력파도 모두 설명이 된다면 물리학의 발

전이 한 걸음 더 나아가게 되는 것이 아닐까 한다. 그리고 반중력이라는 현상을 찾아낼 수 있을지도 모른다. 소립자 물리학에서 이러한 방식으로 연구가 된다면 많은 성과를 낼 수 있지 않을까 생각한다.

chapter 5
슈뢰딩거방정식 해법의 오류

1. 슈뢰딩거방정식(Schroedinger's equation)이란?

슈뢰딩거방정식은 앞의 4장에서 설명한 대로,

$$-\hbar^2/2m\partial^2\Psi/\partial x^2 + U(x)\Psi(x, t) = i\hbar\partial\Psi/\partial t$$

와 같다.

여기서 x와 t는 서로 독립변수(independent variable)이기 때문에 다음과 같이 separation을 할 수 있다.

$$\Psi(x, t) = \Psi(x)\Phi(t)$$

이와 같이 separation을 하면 슈뢰딩거방정식은,

$$-\hbar^2/2m\partial^2\Psi/\partial x^2 + U(x)\Psi(x) = E\Psi(x)$$

와 같이 표현이 된다.

위의 방정식은 1차원의 경우에 적용된다. 그리고, 3차원의
경우에는,

$$-\hbar^2/2m\nabla^2\Psi+U(r)\Psi= i\hbar\,\partial\Psi/\partial t$$

$$\nabla^2 = \partial^2/\partial x^2+\partial^2/\partial y^2+\partial^2/\partial z^2 \text{(Laplacian)}$$

와 같이 표현된다.

그리고, time independent 슈뢰딩거방정식은,

$$-\hbar^2/2m\nabla^2\Psi(r)+U(r)\Psi(r) = E\Psi(r)$$

과 같이 표현된다. 그리고 $\Psi(r)$은,

$$\Psi(r) = \Psi(x,y,z) = \Psi_1(x)\Psi_2(y)\Psi_3(z)$$

와 같이 variable separation을 하여서,

$$-\hbar^2/(2m\Psi_1)d^2\Psi_1/dx^2-\hbar^2/(2m\Psi_2)\,d^2\Psi_2/dy^2$$
$$-\hbar^2/(2m\Psi_3)d^2\Psi_3/dz^2 = E$$

로 전개가 되며, 이로부터

$$- \hbar^2/(2m\Psi_1)d^2\Psi_1/dx^2 = E_1$$
$$- \hbar^2/(2m\Psi_2)d^2\Psi_2/dx^2 = E_2$$
$$- \hbar^2/(2m\Psi_3)d^2\Psi_3/dx^2 = E_3$$

와 같이 3가지의 분리된 미분방정식을 얻게 되고, 이 식들을 풀어나가는 것이다.

2. 슈뢰딩거방정식 해법의 오류

위의 방식으로 풀어나가는 것이 양자역학의 기본이다.

그런데, 여기에는 심각한 오류가 있다. 가장 기본적인 곳에 문제가 있는 것이다.

Variable separation을 하려면, 각 변수(variable)들이 서로 독립적이어 하는데, x, y, z 변수들은 서로 독립적이지 않다. 우주에 존재하는 모든 물체들은 공간상에서 일정 부피를 가진다. 그리고 공간상에서 물체들의 x좌표, y좌표, z좌표의 값들은 서로 영향을 준다.

예를 들어서, 가장 간단한 구면체를 보자.

$$x^2+y^2+z^2 = r^2$$

에서, r이 상수(constant)라면, x값이 변함에 따라서 y값이나

z값이 변하게 된다. 즉, 서로 종속적이라는 것을 알 수 있다. 따라서, 앞 절의 variable separation을 할 수 없는 것이다.

이것은 variable separation을 이용해서 슈뢰딩거방정식을 풀어온 현재까지의 모든 양자역학이론이 모두 잘못되었다는 뜻이다.

chapter 6

물질파(Matter wave)와 중력 (Gravity)

1. 물질파(Matter wave)란?

물질파는 드브로이(De Broglie)에 의해서 제안된 개념이다. 드브로이는 입자인 물질은 파동의 성격도 있다는 가설을 내놓았다.

드브로이는 빛이 파동성과 입자성을 모두 가지고 있다는 데서 더 나아가 모든 물질은 파동성과 입자성을 가지고 있다고 제안하였다. 물질파의 파장과 진동수는 각각 다음과 같이 표현되었다.

$$\lambda = h/p$$

λ: 물질파의 파장 h: 플랑크 상수 p: 물질의 모멘텀(momentum)

$$f = E/h$$

f: 물질의 진동수 E: 물질의 총 에너지

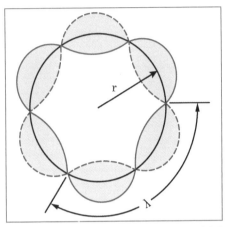

그림 6 - 1: 원자 내 전자의 정상파

이 개념은 전자가 원자핵을 회전하는 모델을 파동적으로 설명할 수 있다.

전자가 원자핵을 회전하는 원이 전자의 파장의 정수배가 될 때 매우 안정된 궤도가 된다는 것을 알 수 있다. 즉,

$$n\lambda = 2\pi r$$

r: 전자가 원자핵을 회전하는 원의 반지름

이다.

여기서는 1차원의 예를 들었지만, 실제로는 물질파는 3차원 공간상에 존재하는 파동이다.

2. 중력파(Gravity wave)란?

중력파에 대해서는 앞에서 한 번 설명한 바 있다. 그 부분을 다시 보면 다음과 같다.

"1916년에 아인슈타인은 일반상대성이론을 응용하여 중력장을 전자기파와 비슷하게 파동으로 표현하는 데 성공하였다. 중력파라고 하는 것은 중력이 전달되어 나가는 메커니즘이다. 예를 들면, 지상에서 커다란 쇠구슬을 위아래로 흔들면 그 영향이 작기는 하지만 달까지 전달 될 것이다. 마찬가지로 우주 멀리서 별이 폭발하면 그 중력장의 흔들림이 지구까지 전달 되어 올 것이다. 물리학자들은 이러한 중력파, 즉 중력장의 흔들림을 측정하기 위하여 노력하고 있다. 중력파는 물질을 통과하면서 그 물체에 파도와 같이 중력파의 흐름을 남길 것이다. 즉, 물질의 밀도 변화가 중력파의 전달에 따라서 발생할 것이고, 이러한 밀도변화는 약하지만 국부적인 압력의 변화로 나타날 것이다. 중력파의 측정은 이 압력을 압전효과를 이용해서 전기신호로 변형하여 측정하고자 하는 것이다. 그리고 지구상에는 수많은 진동이 있으므로 그것들을 중력파의 전달과 구분해야 하는데, 중력파의 측정을 멀리 떨어진 두 곳 이상의 서로 다른 위치에서 측정하면 된다. 중력파라면 그 전달 되는 속도가 빛과 같은 속도일 것이므로 두 곳 사이의 거리를 감안하면 중력파인지 아니면 무의미한 진동인지를 구분할 수 있다. 아직까지는 중력파가 측정된 적은 없으나, 간접적으로 확인이 된 것은 있다. 수많은 별들 중에는 연성이 있다. 연성이라는 것은 두 개의 별이 서로를 공전하는 것이다. 질량이 매우 큰 두 개의 별이 가까이서 서로를 매우 빠른 속도로 공전하면 주변 공간의 중력장에 교란을 일으키게 되고, 이러한 과정에서 중력파가 공간으로 발산된다. 중력파도 에너지의 한 형태이므로 에너지가 우주 공간으로 발산이 되면 그 연성의 공전에너지는 줄어들게 된다. 따라서 공전궤도가 작아지고, 공전주기도 짧아지게 된다. 이러한 현상이 천문학자에 의해서 관측이 되고 있다. 즉, 중력파의 존재가 간접적으로 확인이 되는 것이다."

이와 같이 중력파는 공간상에 퍼져 나가는 장(field)이다.

3. 물질파와 중력파

여기서 우리는 재미있는 상상을 할 수 있다.

중력파의 근원이 물질파라고 생각하면 어떨까?

물질파는 구면체의 형상을 하고 있고, 물질파의 중심을 감싸는 형태이다. 물질파는 무한대로 퍼져 나간다. 물질파는 일종의 에너지파이기 때문에, 퍼져 나갈수록 약해진다. 물질파는 3차원 공간상에 존재하기 때문에, 물질파의 표면적은 중심으로부터의 거리의 제곱에 비례해서 증가한다. 또한 그 파동의 강도는 거리의 제곱에 반비례해서 감소한다.

물체의 질량이 커지면, 물질파의 파장은 짧아지고 파동의 간격은 좁아진다.

만약 두 개의 물체가 존재한다면, 각각의 물체는 각자의 물질파를 형성하며, 각각의 물체의 중심으로부터 어느 정도의 거리에서 각각의 물질파가 겹치게 되면, 두 물질파가 마치 지도

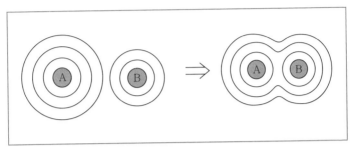

그림 6 - 2: 물질파의 구조

의 등고선이 합쳐지듯이 합쳐진다.

합쳐진 물질파는 그 표면적을 최소화하도록 하는 성질이 있어서, 두 물체를 서로 가까이 하도록 하는 힘이 작용하게 된다. 이러한 힘이 만유인력(중력)으로 작용하게 된다.

드브로이의 물질파는 다음과 같다.

$$mv\lambda = nh$$

$$\lambda = nh/mv$$

$$\lambda_1 = nh/m_1v$$

$$\lambda_2 = nh/m_2v$$

$$\lambda_3 = nh/(m_1+m_2)v$$

이와 같이 두 개의 물체가 합쳐지면, 새로운 물질파는 두 물체의 질량의 합에 의해서 결정이 된다.

물질파는 중력파이고, 중력파의 속도는 파동이 작용하는 속도이며, 현대 과학이 측정한 바로는 빛의 속도와 같다.

$$\lambda_m f_m = c_m$$

λ_m = wave length of matter wave

f_m = frequency of matter wave

c_m = the velocity of matter wave

chapter 7

빛의 구조(Photon modeling)

1. 빛(Photon)이란?

빛이란 무엇일까? 현대의 물리학에서는 전자기파의 흐름으로 간주한다. 그런데 이 개념은 여러 가지로 불분명하다. 우선 빛의 발생에 대해서 생각해보자.

빛은 하나의 원자 안에 있는 전자가 에너지를 받아서 들뜬 상태로 있다가, 어느 순간에 낮은 에너지의 궤도로 떨어지면서 전자기파의 형태로 그 차이만큼의 에너지를 외부로 방출하게 된 것이다. 그리고 이 전자기파가 공간을 날아가다가 사람의 시신경에 충돌하면서 그 존재를 알리는 것이다. 만일, 원자에서 방출된 전자기파가 충돌할 대상이 없다면 그 전자기파는 끝없이 빈 공간을 날아가게 된다.

여기서 주의할 필요가 있는데, 기존의 개념은 명확하지는 않지만 공간상으로 퍼져 나가는 것으로 생각한다. 따라서, 전자기파는 그 에너지가 거리의 제곱에 반비례해서 작아지게 된다. 어느 정도 가까운 거리에서는 그럴 수도 있겠다고 생각할 수 있지만, 천문학적인 거리를 생각해보자. 예를 들어서, 파장이 500nm의 빛이 1m거리에서부터 오는 것을 눈으로 확인했다고 가정하면,

$$E(1m) = \hbar v$$
$$= \hbar c / \lambda$$
$$= 6.626 \times 10^{-34} J.s \times 3 \times 10^8 m/s$$
$$/5 \times 10^{-7} m$$
$$= 3.976 \times 10^{-19} Joules$$

의 에너지를 시신경이 감지한다.

그런데 만일 100광년의 거리에서 빛이 온다면, 그 에너지가 거리의 제곱에 반비례하므로,

$$E(100광년) = E(1m)/(100년 \times 365일/년 \times 24시간$$
$$/일 \times 3600초/시간 \times 3 \times 108m/초)^\wedge 2$$
$$= E(1m)/8.95^{35}$$
$$= 4.44 \times 10^{-55} Joules$$

의 에너지가 들어오게 된다. 시신경이 아니라 아무리 뛰어난

전자기기를 이용하더라도, 이 정도로 작은 에너지를 감지할 만한 장치는 없을 것이다.

이렇게 계산을 하지 않더라도, 논리적으로 보면 다음과 같다. 전자기파가 공간상에 퍼져 나가면 단위면적당 에너지량은 퍼져 나간 거리의 제곱에 반비례해서 작아진다. 그리고 에너지가 작아졌다는 것은, 진동수가 작아졌다는 것이고, 전자기파의 형태가 바뀌었다는 것이 된다.

이것은 모순이다. 빛은 한번 진동수가 정해지면, 아무리 멀리 가더라도 진동수가 변하지 않는다. 천문학에서 130억 광년 떨어져 있는 은하에서 오는 빛도, 약간의 적색편이(red shift)는 있지만 거의 원래의 에너지를 유지하면서 지구에서 관측되는 것을 보면 알 수 있다.

이러한 문제를 어떻게 할 것인가? 빛에 대해서 좀 더 자세히 알아볼 필요가 있다.

2. 빛(Photon)의 모델링을 위한 조건

빛은 파동 입자이다. 공간 안에서 맥스웰 방정식에 따른 전자기 파동을 형성하면서, 또한 아인슈타인이 발견한 광전효과도 일으키는 입자이다. 우선 빛의 성질을 알아 보자.

1) 빛은 파장(wavelength)를 가지고 있다. 즉, 공간상에서 차지하는 부피가 있으며, 그에 따른 진동수(frequency)도 가지고 있다.

2) 빛은 편광성(polarized)이 있다. 따라서 극(pole)이 있다.

3) 빛은 원자에서 들뜬 전자가 낮은 에너지 궤도 상태로 떨어질 때 외부로 방출된다. 고에너지 궤도에서 저에너지 궤도로 떨어질 때의 현상은 dipole antenna에서 전파가 방출되는 메커니즘과 같다.

4) 파동 형태의 빛 알갱이(photon)는 그 파동 형태를 계속 유지한다. 이 형태는 다른 물체와 충돌해서 흡수되거나 반사될

때까지 유지된다. 이것은 100억 광년 떨어진 거리의 은하에서 방출된 빛을 우리가 관측한다는 것을 보면 알 수 있다.

5) 빛 알갱이(photon)는 방출될 때, 수학적으로는 디랙(Dirac)의 델타함수(δ function)로 묘사할 수 있다.

6) 빛은 운동량(momentum)을 가지고 있다. E = pc라는 공식에서 p는 운동량, c는 광속을 나타낸다.

7) 쌍소멸(annihilation): 전자(electron)가 양전자(positron, anti-electron)와 충돌하면, 쌍소멸(annihilation)되면서 둘 또는 세 개의 감마선(gamma ray)을 생성한다. 뒤의 전자의 구조(electron modeling)의 설명에서 언급하겠지만, 전자는 x축, y축, z축을 각각의 중심으로 하는 세 개의 파동의 합으로 구성되어 있는데, 각각의 파동은 '시계방향(clockwise)으로 돌면서 앞으로 나가는 형태'(우선 형태, 즉 오른 쪽으로 도는 형태)와 '반시계방향(counter-clockwise)으로 돌면서 앞으로 나가는 형태'(좌선 형태, 즉 왼쪽으로 도는 형태)의 두 가지가 있다. 전자(electron)는 x축, y축, z축을 따라서 두 개의 좌선 형태의 파동과 한 개의 우선 형태의 파동으로 구성되어 있다. 한편 양전자(positron)는 두 개의 우선 형태의 파동과 한 개의 좌선 형태의 파동으로 구성되어 있다. 전자와 양전자가 만나면, 즉 서로 반대되는 형태의 파동이 만나면, 그 파동들은 분해가 되고 빛(photon)의 전자기 파동으로 변한다.

8) 쌍생성(pair production): 고에너지의 빛 알갱이인 감마선(gamma ray)은 원자핵과 만나면, 전자(electron)와 양전자(positron)를 만들어 낸다.

3. 빛의 구조(Photon modeling)

위에서 보았듯이 빛(photon)은 상당히 안정적으로 자신의 형태를 유지한다. 100억 광년 떨어진 곳에서 출발한 빛은 사라지지 않고 100억 년 동안 공간 속을 날아와서 우리의 관측 장비에 도달한다. 만일 빛 알갱이인 전자기파가 공간 속으로 퍼져나간다면, 우리의 관측 장비는 그 빛(photon)이 너무 약해져서 감지하지 못할 것이다.

그러면 빛은 어떻게 그 오랜 시간 동안 안정적으로 자신의 형태를 유지하는 것일까? 여기서 우리는 다시 물질파를 떠올려야 한다. 드브로이의 물질파(matter wave)는 다음과 같다.

$mv\lambda_m = nh$

m = photon의 질량

v = photon의 속도(거의 빛과 같은 속도이다. 왜냐하면 빛이 전자

로부터 방출될 때 전자기력에 의해서 밀려나오기 때문이다.)

λ_m = 물질파의 파장(전자기파의 파장과 다를 수 있다.)

여기서 진동수 f_e인 빛의 에너지는,

$E = hf_e$

f_e = 전자기파의 진동수이고,

$\lambda_e f_e = c$

λ_e = 전자기파의 파장

이다. 여기서 물질파의 속도가 빛의 속도와 같다고 가정하면, 즉

$v = c$,

$(\lambda_m/n)/\lambda_e = 1$

이라고 하면,

$E = hc/\lambda_e$

$= (mv\lambda_m/n)c/\lambda_e$

$$= mvc(\lambda_m/\lambda_e)/n$$

$$= mc^2$$

와 같이 된다. 한편,

$$\lambda_m f_m = c_m$$

$\quad$ f_m = 물질파의 진동수, c_m = 물질파의 속도

이므로,

$$E = hf_e$$

$$= (mvc_m/f_m/n)f_e$$

$$= mvc_m(f_e/f_m)/n$$

$$= mvc_m(f_e/(f_m n))$$

와 같이 된다.

$$\lambda_e f_e/c = 1 = \lambda_m f_m/c_m 이므로,$$

$$c_m = c,$$

$$(\lambda_m/n)/\lambda_e = 1$$

이라고 가정하면, 즉 물질파의 속도와 빛의 속도가 같다고
가정하면,

$$\lambda_m = n\lambda_e$$
$$f_m = f_e/n$$

과 같이 된다. 이 결과는 물질파(matter wave)의 파장(wave-
length)이 전자기파(electromagnetic wave)의 파장(wave length)
의 정수 배로 커진다는 의미이다. n = 1일 때에 물질파의 파장
과 전자기파의 파장의 길이가 같아진다. 만일, 전자기파의 파
동이 물질파의 파동의 막을 뚫고 나가지 못하고 안쪽으로 반사
가 된다면, 전자기파는 공간으로 퍼져 나가지 않고 안정적으로
형태를 유지하게 된다. 마치 비누방울 풍선이 그 안에 공기를
포함한 채로 두둥실 날아다니듯이, 전자기파는 물질파 안에 갇
힌 채 공간을 날아가는 것이다. 이것을 빛방울(light bubble)이
라고 부르기로 하자.

빛방울 안에서 전자기파는 맥스웰의 파동방정식에 따라 전
기장과 자기장이 교차하면서 서로를 빛의 속도로 만들어 낸
다. 그러나 빛방울(light bubble) 자체는 처음 만들어질 때의 속
도로 공간을 날아간다.

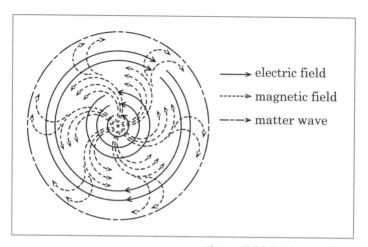

그림 7 − 1: 빛방울(light bubble)의 구조

chapter 8

퀴크의 구조(Quark modeling)

1. 소립자의 세계

원자(atom)는 원자핵(nucleus)과 전자(electron)로 구성되어 있고, 원자핵은 양성자(proton)와 중성자(neutron)로 구성되어 있다. 원자는 원자핵 안에 있는 양성자의 개수에 따라서 각종 원소로 분류된다. 한동안 양성자, 중성자, 그리고 전자가 물질을 이루는 최소 단위로 여겨져 왔다.

그런데, 입자가속기가 만들어지고 입자 간의 충돌실험에서 더 작은 입자들이 발견되었고, 새로운 소립자의 세계가 열리게 되었다. Hadrons, leptons, field particles, mesons, baryons, quarks 등이 그것들이다.

소립자들은 그 성질에 따라서 여러 가지로 분류되었는데 그 분류는 다음 페이지의 표 〈8-1〉과 같다.

Hadron	Meson	π meson K meson Etc.	Composed of two(2) quarks
	Baryon	Proton Neutron	Composed of three(3) quarks
Lepton		Electron Muon(μ) Tau(τ) Electron neutrino Muon neutrino Tau neutrino	
Field particle		Graviton Photon Gluon	
Resonance particle		$\varDelta, \varSigma, \varXi, \varOmega$, etc.	

또한, 쿼크(quark)는 하나의 종류만 있는 것이 아니라, 6가지가 있다. Up(u), Down(d), Strange(s), Charmed(c), Top(t), Bottom(b) 들이다. 양성자는 2개의 up quarks(u)와 1개의 down quark(d)로 구성되어 있고, 중성자는 1개의 up quark(u)와 2개의 down quarks(d)로 구성되어 있다. 한편, π meson은 1개의 up quark(u)와 1개의 anti-down quark(anti-d)로, 또는 1개의 anti-up quark(anti-u)와 1개의 down quark(d)로 구성되

어 있다.

이에 대해서 더 자세히 보면 meson의 종류와 구성은 다음과 같다.

$$\pi^+ = u, \text{anti} - d$$

$$\pi^0 = \text{sqrt}(\tfrac{1}{2})(u, \text{anti} - u - d, \text{anti} - d)$$

$$\pi- = \text{anti} - u, d$$

$$\eta = \text{sqrt}(\tfrac{1}{2})(u, \text{anti} - u + d, \text{anti} - d - 2s, \text{anti} - s)$$

$$\rho = u, \text{anti} - u$$

$$\omega = \text{sqrt}(\tfrac{1}{2})(u, \text{anti} - u + d, \text{anti} - d)$$

$$\varphi = s, \text{anti} - s$$

$$K^+ = u, \text{anti} - s$$

$$K^0 = d, \text{anti} - s$$

$$K^- = \text{anti} - u, s$$

$$\text{anti} - K^0 = \text{anti} - d, s$$

그리고 baryon은 3개의 quarks로 구성되며, 그의 종류와 구성은 다음과 같다.

$$p = u, u, d$$

$$n = u, d, d$$

$\Delta^{++} = u,u,u$

$\Delta^{+} = u,u,d$

$\Delta^{0} = u,d,d$

$\Delta^{-} = d,d,d$

$\Lambda^{0} = u,d,s$

$\Sigma^{+} = u,u,s$

$\Sigma^{0} = u,d,s$

$\Sigma^{-} = d,d,s$

$\Xi^{0} = u,s,s$

$\Xi^{-} = d,s,s$

$\Omega^{-} = s,s,s$

이들은 입자가속기에 의해서 충돌을 시키면, 여러 가지의 반응을 하는데, 아래와 같다.

$\mu^{-} \rightarrow e^{-} + anti-\nu_e + \nu_\mu$

$\tau^{-} \rightarrow \mu^{-} + anti-\nu_\mu + \nu_\tau$

$\tau^{-} \rightarrow e^{-} + anti-\nu_e + \nu_\tau$

$\pi^{+}(u, anti-d) \rightarrow \mu^{+} + \nu_\mu$

$\pi^{0}(sqrt(\frac{1}{2})(u, anti-u-d, anti-d)) \rightarrow \gamma + \gamma$

$\pi^-(\text{anti}-\text{u},\text{d}) \rightarrow \text{e}^- + \text{anti} - \nu_e$

$\pi^-(\text{anti}-\text{u},\text{d}) \rightarrow \mu^- + \text{anti} - \nu_\mu$

$\text{K}^+(\text{u},\text{anti}-\text{s}) \rightarrow \mu^+ + \nu_\mu$

$\text{K}^+(\text{u},\text{anti}-\text{s}) \rightarrow \pi^+(\text{u},\text{anti}-\text{d}) +$

$\qquad \pi^0(\text{sqrt}(\tfrac{1}{2})(\text{u},\text{anti}-\text{u}-\text{d},\text{anti}-\text{d}))$

$\text{Ks}^0(\ ) \rightarrow \pi^+(\text{u},\text{anti}-\text{d}) + \pi^-(\text{anti}-\text{u},\text{d})$

$\text{Ks}^0(\ ) \rightarrow \pi^0(\text{sqrt}(\tfrac{1}{2})(\text{u},\text{anti}-\text{u}-\text{d},\text{anti}-\text{d})) +$

$\qquad \pi^0 (\text{sqrt}(\tfrac{1}{2})(\text{u},\text{anti}-\text{u}-\text{d},\text{anti}-\text{d}))$

$\text{Kl}^0(\ ) \rightarrow \pi + (\text{u},\text{anti}-\text{d}) + \text{e}^- + \text{anti} - \nu_e$

$\text{Kl}^0(\ ) \rightarrow \pi - (\text{anti}-\text{u},\text{d}) + \text{e}^+ + \text{anti} - \nu_e$

$\text{Kl}^0(\ ) \rightarrow \pi 0 \ (\text{sqrt}(\tfrac{1}{2})(\text{u},\text{anti}-\text{u}-\text{d},\text{anti}-\text{d})) +$

$\pi^0(\text{sqrt}(\tfrac{1}{2})(\text{u},\text{anti}-\text{u}-\text{d},\text{anti}-\text{d})) +$

$\pi^0(\text{sqrt}(\tfrac{1}{2})(\text{u},\text{anti}-\text{u}-\text{d},\text{anti}-\text{d}))$

$\text{Kl}^0(\ ) \rightarrow \pi^+(\text{u},\text{anti}-\text{d}) + \mu^- + \text{anti} - \nu_\mu$

$\text{Kl}^0(\ ) \rightarrow \pi^-(\text{anti}-\text{u},\text{d}) + \mu^+ + \text{anti} - \nu_\mu$

$\eta(\ ) \rightarrow \gamma + \gamma +$

$\qquad \pi^0(\text{sqrt}(\tfrac{1}{2})(\text{u},\text{anti}-\text{u}-\text{d},\text{anti}-\text{d})) +$

$\qquad \pi^0(\text{sqrt}(\tfrac{1}{2})(\text{u},\text{anti}-\text{u}-\text{d},\text{anti}-\text{d})) +$

$\qquad \pi^0(\text{sqrt}(\tfrac{1}{2})(\text{u},\text{anti}-\text{u}-\text{d},\text{anti}-\text{d}))$

$\eta'(\ ) \rightarrow \eta + \pi^+(\text{u},\text{anti}-\text{d}) + \pi^-(\text{anti}-\text{u},\text{d})$

$e^- + e^+ \rightarrow \gamma \rightarrow q + anti - q$

$n(u,d,d) \rightarrow p(u,u,d) + e^- + anti - \nu_e$

$p(u,u,d) \rightarrow e^+ + \pi^0(\text{sqrt}(\tfrac{1}{2})$
$$(u, anti - u - d, anti - d))$$

$p(u,u,d) + p(u,u,d) \rightarrow \pi^+(u, \ anti - d) + d$

$n(u,d,d) + p(u,u,d) \rightarrow \pi^0(\text{sqrt}(\tfrac{1}{2})$
$$(u, anti - u - d, anti - d)) + d$$

$\gamma + p(u,u,d) \rightarrow p(u,u,d) +$
$$\pi^0(\text{sqrt}(\tfrac{1}{2})(u, anti - u - d, anti - d))$$

$\gamma + p(u,u,d) \rightarrow \mu^- + p(u,u,d) + \pi^+(u, anti - d)$

$\pi^+(u, anti - d) + p(u,u,d) \rightarrow K^+(u, anti - s) +$
$$\Sigma^+(s,u,u)$$

$\Lambda^0(u,d,s) \rightarrow p(u,u,d) + \pi^-(anti - u, d)$

$\Lambda^0(u,d,s) \rightarrow n(u,d,d) +$
$\pi^0(\text{sqrt}(\tfrac{1}{2})(u, anti - u - d, anti - d))$

$\Sigma^+(u,u,s) \rightarrow n(u,d,d) + \pi^+(u, \ anti - d)$

$\Sigma^+(u,u,s) \rightarrow p(u,u,d) +$
$$\pi^0(\text{sqrt}(\tfrac{1}{2})(u, anti - u - d, anti - d))$$

$\Sigma^0(u,d,s) \rightarrow \Lambda^0(u,d,s) + \gamma$

$\Sigma^-(d,d,s) \rightarrow n(u,d,d) + \pi^-(anti-u,d)$

$\Delta^{++}(u,u,u) \rightarrow p(u,u,d) + \pi^+(u,anti-d)$

$\Delta^+(u,u,d) \rightarrow p(u,u,d) +$
$\qquad \pi^0(sqrt(\frac{1}{2})(u,anti-u-d,anti-d))$

$\Delta^+(u,u,d) \rightarrow n(u,d,d) + \pi^+(u,anti-d)$

$\Delta^0(u,d,d) \rightarrow n(u,d,d) +$
$\qquad \pi^0(sqrt(\frac{1}{2})(u,anti-u-d,anti-d))$

$\Delta^0(u,d,d) \rightarrow p(u,u,d) + \pi^-(anti-u,d)$

$\Delta^-(d,d,d) \rightarrow n(u,d,d) + \pi^-(anti-u,d)$

$\Xi^0(u,s,s) \rightarrow \Lambda^0(u,d,s) +$
$\qquad \pi^0(sqrt(\frac{1}{2})(u,anti-u-d,anti-d))$

$\Xi^-(d,s,s) \rightarrow \Lambda^0(u,d,s) + \pi^-(anti-u,d)$

$\Omega^-(s,s,s) \rightarrow \Xi^-(d,s,s) +$
$\qquad \pi^0(sqrt(\frac{1}{2})(u,anti-u-d,anti-d))$

$\Omega^-(s,s,s) \rightarrow \Xi^0(u,s,s) + \pi^-(anti-u,d)$

$\Omega^-(s,s,s) \rightarrow \Lambda^0(u,d,s) + K^-(anti-u,s)$

2. 힘(Force)의 종류

  이 세상에는 4가지의 힘(force)이 있다. 힘이 강한 순서로 보면, 강한 핵력(strong force), 전자기력(electromagnetic force), 약한 핵력(weak force), 중력(gravitational force)의 4가지이다.

  강한 핵력(strong force)은 양성자, 중성자, 그 이외의 무거운 원소들을 구성하는 쿼크들을 서로 결합시켜 주는 역할을 한다. 힘이 작용하는 거리는 10^{-15}m 정도로 매우 짧고, 작용하는 시간도 10^{-20}초 정도로 짧다. 특이한 것은 쿼크들 사이의 거리가 커질수록 마치 스프링과 같이 서로 당기는 힘이 커진다.

  전자기력(electromagnetic force)은 강한 핵력(strong force)보다 100배 정도 약하고, 작용하는 시간은 10^{-16}초 정도이다. 먼 거리까지 작용하며, 거리의 제곱에 반비례하여 약해진다.

  약한 핵력(weak force)은 극히 짧은 거리(10^{-18}m)에서 작용하며, 원자핵의 베타(β) 붕괴와 무거운 쿼크(quark)와 lepton의 붕괴에 관여한다. 작용하는 힘의 크기는 강한 핵력(strong force)보다 10^{-6}배만큼 약하고, 작용하는 시간은 10^{-10}초 정도이다.

중력(gravitational force)은 먼 거리까지 작용하며, 작용하는 힘은 강한 핵력(strong force)보다 10^{-43}배만큼 약하다.

3. Color charge

물리학 이론 중에 Pauli exclusion principle이라는 것이 있다. 어떤 물체도 둘 이상이 같은 물리적 상태(state)로 존재할 수 없다는 것이다. 그런데, Ω^-(s,s,s)는 3개의 s(strange quark)가 같은 상태로 붙어 있다고 하는 것이다. 또한 Δ^{++}(u,u,u)이나 Δ^-(d,d,d) 들도 마찬가지 이다. 그래서 quark들은 마치 electric charge와 같은 Color charge라는 개념을 만들었다. 3개의 sss는 각각 다른 Color charge를 가지고 있어서 Pauli exclusion principle에 어긋나지 않는다는 것이다. uuu나 ddd도 마찬가지 이다.

이러한 가설로 만들어낸 분야가 quantum chromodynamics(QCD)이다. Color charge는 마치 electric charge가 서로 밀어 내거나 서로 당기는 힘을 내듯이, quarks들 사이의 강한 핵력(strong force)을 만들어 내는 원인이라고 한다. Color charge에는 red(R), green(G), blue(B)의 3종류가 있다. 그리고 이에 대한 반물질(anti-matter)은 anti-red(cyan), anti-green(magenta), anti-blue(yellow) 들이다.

4. 반입자(Anti - particle)

반입자 또는 반물질은 꽤 오래전부터 알려진 물질이다. 전자(electron)에 반하는 양전자(positron)를 비롯해서 반양성자(antiproton), 반중성자(antineutron) 등의 반물질들이 발견되었다. 이제는 모든 물질은 그에 대한 반물질이 존재하는 것으로 밝혀졌다. 반물질은 질량(mass)과 spin이 동일하고, 같은 량의 반대전하를 갖는다. 오직 빛(photon)과 pion(π)과 eta(η)만이 그 자신이 그에 대한 반물질이 된다. 쿼크(quark)들도 반입자가 있어서,

up(u) $\longleftrightarrow$ anti $-$ u,

down(d) $\longleftrightarrow$ anti $-$ d,

charm(c) $\longleftrightarrow$ anti $-$ c,

strange(s) $\longleftrightarrow$ anti $-$ s,

$$top(t) \longleftrightarrow anti-t,$$

$$bottom(b) \longleftrightarrow anti-b$$

와 같다.

현대물리학에서는 "우주에는 왜 반입자가 아주 적거나 없을
까?"라는 의문을 가지고 있다.

5. 쿼크(Quark)의 모델링

앞의 쿼크와 관련한 설명은 현대의 물리학의 내용이고, 이제부터는 새로운 이론의 설명을 시작한다.

1) 쿼크(quark)는 1차원 구조이다.

쿼크는 〈그림 8－1〉의 스프링과 같은 나선형 파동구조이다. 6가지의 쿼크, 즉 u, d, c, s, t, b 들은 각각 그 나선형의 굵기나 길이 등은 다르지만, 그 형태는 모두 나선형이다.

2) 반입자(anti matter)는 우선형(clockwise) 파동과 좌선형(counterclockwise) 파동의 관계이다.

우선형(clockwise)　　　　　좌선형(counterclockwise)

즉, 우선형이 정입자(matter)이면 좌선형은 반입자(anti matter)이다. 입자와 반입자는 완전한 면대칭을 이룬다. 예를 들어서 up quark(u)가 우선형이라면, anti-u는 좌선형이다. 양성자(proton)는 uud로 구성되어 있고, 중성자(neutron)는 udd로 구성되어 있다. 만일 up quark(u)가 우선형이라면, down quark(d)는 좌선형이다. 즉, u가 정입자 라면 d는 반입자 이다. 또는 u가 반입자라면 d는 정입자이다.

설명을 진행하기 위해서 u를 정입자, d를 반입자라고 가정하자. 양성자는 '정-정-반'으로 구성되어 있고, 중성자는 '정-반-반'으로 구성되어 있다.

따라서 양성자와 중성자를 합쳐서 보면 '정'의 개수와 '반'의 개수가 일치한다. 지구상에서는 양성자와 중성자의 개수가 비슷하므로, 입자와 반입자의 균형이 대략 맞아떨어지지만, 우주 전체로 보면 대부분이 수소이므로, 양성자가 대부분이 된다.

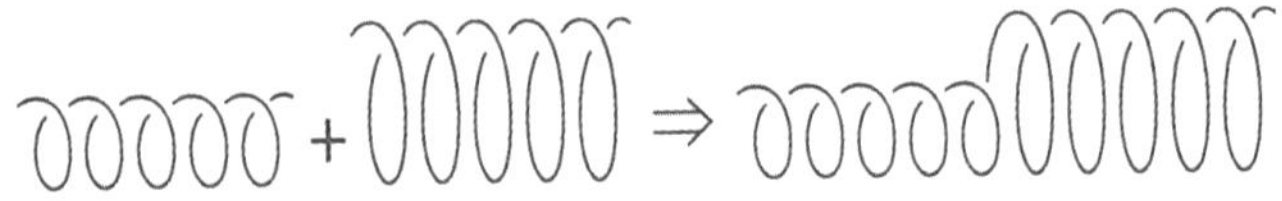

그림 8-2: meson의 형태

아직도 '왜 반입자가 정입자에 비해서 훨씬 적을까?' 하는 의문
은 남아 있다.

3) Meson(중간자)는 2개의 quark가 일직선상으로 결합한 것
이다.

Meson은 2개의 quark가 일직선상으로 결합한 것이다. 그
런데 1개는 정입자이고 나머지 1개는 반입자라고 한다. up
quark(u)와 anti-down quark(anti-d)의 합으로 구성되어 있다
고 하면, 실제로는 d가 반입자이므로, 결과적으로는 2개 모두
정입자가 된다.

또한, anti-up quark(anti-u)와 down quark(d)의 합으로 되
어 있다고 하면, 실제로는 2개 모두 반입자가 된다. 2개 모두
우선형(clockwise)이든지, 2개 모두 좌선형(counterclockwise)이

다. 따라서 2개의 quarks가 연결되는 데에 무리가 없다.

이와 같은 Meson의 종류는 다음과 같다.

π^+ = u, anti − d

π^0 = sqrt($\frac{1}{2}$)(u, anti − u − d, anti − d)

π^- = anti − u, d

η = sqrt($\frac{1}{2}$)(u, anti − u+d, anti − d − 2s, anti − s)

ρ = u, anti − u

ω = sqrt($\frac{1}{2}$)(u, anti − u+d, anti − d)

φ = s, anti − s

K$^+$ = u, anti − s

K^0 = d, anti − s

K$^-$ = anti − u, s

anti − K^0 = anti − d, s

하나가 우선형(clockwise) 파동이면 나머지 하나도 우선형 (clockwise) 파동이고, 하나가 좌선형(counter-clockwise) 파동 이면 나머지 하나도 좌선형(counter-clockwise) 파동이다.

이러한 결합에 의해서 서로의 파동은 공간상에서 관성 momentum이나 magnetic moment에 대해서 안정을 취하게 된다.

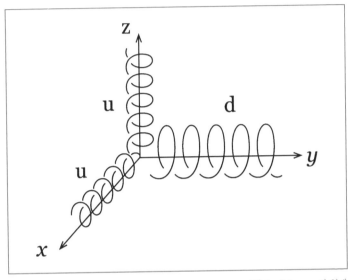

그림 8－3: baryon의 형태

4) Baryon은 3개의 quarks가 3차원 직각좌표와 같은 형태로 결합한다.

양성자는 uud로 구성되어 있고, 중성자는 udd로 구성되어 있다. 이들 3개의 quarks들은 다음 페이지의 그림과 같이 3차원 직각좌표의 x축, y축, z축에 각각 자리를 잡는다.

이와 같은 형태로 x축, y축, z축의 자리에 어떤 quark가 자리를 잡느냐에 따라서 다음과 같이 소립자의 종류가 정해진다.

$p = u,u,d$

$n = u,d,d$

$\Delta^{++} = u,u,u$

$\Delta^{+} = u,u,d$

$\Delta^{0} = u,d,d$

$\Delta^{-} = d,d,d$

$\Lambda^{0} = u,d,s$

$\Sigma^{+} = u,u,s$

$\Sigma^{0} = u,d,s$

$\Sigma^{-} = d,d,s$

$\Xi^{0} = u,s,s$

$\Xi^{-} = d,s,s$

$\Omega^{-} = s,s,s$

한편, 양성자의 u는 옆의 중성자의 d와 서로 끌어당기는 힘 (강한 핵력, strong force)이 존재하게 된다. 이러한 결합이 3차원 격자를 형성하면서 확장되어 무거운 원소도 그 형태가 유지된다.

5) Color charge는 직각좌표상의 위치와 다름 아니다.

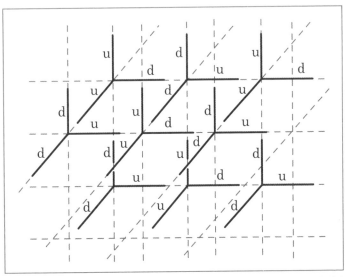

그림 8-4: 원자핵 안에서의 quarks들의 형태

서로 다른 입자가 인접한 채로 같은 상태(state)를 유지할 수 없다는 Pauli's exclusion principle 때문에, color charge라는 개념이 도입되었다. 그러나 직각좌표축 상에서 x축, y축, z축 을 따라서 quark가 배열이 된다면, 서로 같은 상태(state)가 아 닌 것이 된다.

따라서 굳이 color charge라는 개념을 사용할 필요가 없 다. 말하자면, red를 우선형(clockwise)의 x축, green을 우선 형(clockwise)의 y축, blue를 우선형(clockwise)의 z축으로 하 면 된다. 그리고, anti-red는 좌선형(counterclockwise)의 x축,

anti-green은 좌선형(counterclockwise)의 y축, anti-blue를 좌선형(counterclockwise)의 z축으로 하면 된다.

chapter 9

전자의 구조(Electron modeling)

1. 전자(Electron)란?

전자는 음전하(negative charge)를 보유하고 있는 입자이다. 전자는 up spin(1/2)과 down spin(−1/2)를 가지고 있다. 또한 전자의 반물질로서 양전자(positron)이 있다.

$$e^- + e^+ \rightarrow \gamma \rightarrow q + anti-q$$

위의 반응에서 보는 바와 같이, 전자와 양전자가 충돌하면 고에너지 전자기파인 gamma(γ) ray로 변환되기도 하고, 고에너지 전자기파인 gamma(γ) ray는 quark와 anti−quark로 변환되기도 한다. 또한,

$$n(u,d,d) \rightarrow p(u,u,d) + e^- + anti - \nu_e$$

위의 반응에서와 같이, 중성자(neutron)는 고에너지의 전자기파와 충돌하면 양성자(proton)와 전자(electron)와 anti-electron neutrino로 변환된다.

전하(electric charge)를 보유하고 있는 입자는 전자만이 아니고, quark들도 전하를 보유한다. up quark(u)는 2/3electric charge를 보유하고, down quark(d)는 −1/3electric charge를 보유한다.

2. 슈테른 – 게를라흐(Stern - Gerlach) 실험

전자는 up spin과 down spin을 가지고 있다는 것이 슈테른 – 게를라흐(Stern – Gerlach) 실험의 결과 밝혀졌다.

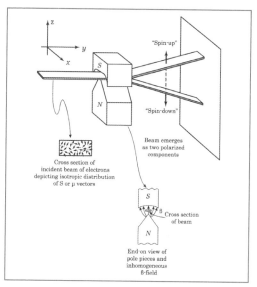

그림 9 – 1: Stern – Gerlach experiment
("Introductory Quantum Mechanics" by Richard L. Liboff 참조)

실험 장치는 은 원자빔(silver atom beam)을 강한 자기장 속으로 통과시키고, 통과한 은 원자빔(silver atom beam)은 유리 수집판(glass collector plate)에 용착(deposit)됨으로써 결과가 파악된다.

결과는 은 원자가 위쪽으로 휘어진 부분과 아래쪽으로 휘어진 부분으로 나뉘어졌다. 이에 따라서 전자가 spin up과 spin down으로 구성되어 있다고 결론이 지어졌다.

3. 전자(Electron)의 모델링

이제 전자에 대한 새로운 해석을 하고자 한다.

1) 전자는 파동으로 형성된 입자이다

전자도 Quark와 마찬가지로 3차원 직각좌표에 따른 x축, y축, z축에 각각 하나씩 파동을 가지고 있는 파동의 집합체이다. 2개의 축에는 －2/3 electric charge를 갖고 있는 파동 둘이 있고, 나머지 1개의 축에는 +1/3 electric charge를 갖고 있는 파동 하나가 있다. 따라서 전체로는 －1 electric charge를 나타낸다.

전자는 x축, y축, z축을 각각의 중심으로 하는 세 개의 파동의 합으로 구성되어 있는데, 각각의 파동은 '시계방향

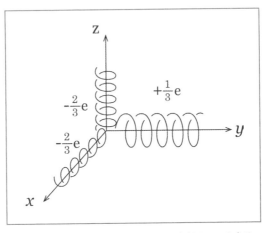

그림 9 - 2: 전자(electron)의 구조

(clockwise)으로 돌면서 앞으로 나가는 형태(우선 형태, 즉 오른쪽으로 도는 형태)'와 '반시계방향(counter-clockwise)으로 돌면서 앞으로 나가는 형태(좌선 형태, 즉 왼쪽으로 도는 형태)'의 2가지가 있다. 전자(electron)는 x-, y-, z- 축을 따라서 2개의 좌선 형태의 파동과 1개의 우선 형태의 파동으로 구성되어 있다. 한편 양전자(positron)는 2개의 우선 형태의 파동과 1개의 좌선 형태의 파동으로 구성되어 있다. 전자와 양전자가 만나면, 서로 반대되는 형태의 파동이 만나면, 그 파동들은 분해가 되고 빛(photon)의 전자기 파동으로 변한다.

2) 원자 속의 전자와 자유전자는 형태가 다르다

전자가 원자 속에 속해 있을 때는 슈테른－게를라흐(Stern－Gerlach) 실험에서와 같이 전자가 자기장의 영향을 받아서 반은 위로 휘어지고 반은 아래로 휘어졌다. 이것은 전자가 일종

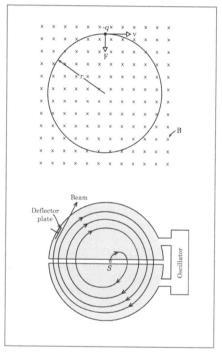

그림 9－3: Cyclotron
("Fundamentals of Physics"
by David Halliday and Robert Rescick 참조)

의 자석(magnet)의 역할을 한다고 볼 수 있다.

그러나 원자에 속박되어 있지 않은 자유전자는 자기장의 역할을 받지 않고, 다만 전류의 흐름으로써만 작용을 한다.

전자가 spin up과 spin down으로 구성되어 있다고 하는 기존 이론으로는 이 차이를 설명하지 못한다. 전자가 태생적으로 spin을 가지고 있다면, cyclotron에서도 자석과 같은 행동을 보여야 한다. 그러나 cyclotron에서는 자유전자는 자석으로서의 결과를 전혀 보이지 않는다. 이를 설명하기 위해서는 다시 한번 위의 x축, y축, z축에 각각 하나씩의 파동을 가지고 있는 전자를 가정해야 한다.

원자 속에 속해 있을 때에는 양성자와의 전기력(Coulomb force)에 의해서 양성자와 같은 3차원의 형태(unfolded state)를 유지하고, 자유전자로 있을 때에는 +2/3electric charge를 갖고 있는 2개의 파동이 −1/3electric charge를 갖고 있는 1개의 파동을 전기력(Coulomb force)에 의해 감싸고 있는 형태(folded state)를 유지한다. 3차원의 형태(unfolded state)에서는 양성자와 포개져서 magnetic field를 생성하고, 마치 자석(magnet)과 같이 행동한다. 그러나 자유전자의 상태(folded)에서는 3차원 직각좌표상의 3개의 파동이 서로 얽혀서 magnetic field를 생성하지 않는다.

이와 같이 설명하면 양자역학에 의해서 슈뢰딩거방정식으로

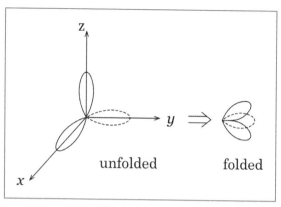

그림 9 – 4: 전자의 구조(unhfolded 상태와 folded 상태)

부터 spin number를 구하지 않아도 된다. 사실 슈뢰딩거방정식을 푸는 방법에는 오류가 있다는 것을 이미 제5장에서 설명하였고, 슈뢰딩거방정식을 제대로 풀었다고 가정하여 spin up과 down을 이용하여도 Stern – Gerlach 실험과 Cyclotron을 서로 모순 없이 설명하기는 불가능하다.

3) 물질과 반물질의 균형

제8장에서 쿼크에 대해 설명하면서 물질과 반물질의 균형에 대해서 서술한 바 있다. 이제 전자의 구조까지 고려하면 물질과 반물질의 균형이 맞춰질 수도 있다는 것을 보이고자 한다.

양성자(proton)는 uud로 구성되어 있고, 중성자(neutron)는 udd로 구성되어 있다. 만일 up quark(u)가 우선형이라면, down quark(d)는 좌선형이다. 즉, u가 정입자라면 d는 반입자이다. 또는 u가 반입자라면 d는 정입자이다.

설명을 진행하기 위해서 u를 정입자, d를 반입자라고 가정하자. 양성자는 '정 − 정 − 반'으로 구성되어 있고, 중성자는 '정 − 반 − 반'으로 구성되어 있다. 따라서 양성자와 중성자를 합쳐서 보면 '정'의 개수와 '반'의 개수가 일치한다. 지구상에서는 양성자와 중성자의 개수가 비슷하므로, 입자와 반입자의 균형이 대략 맞아떨어지지만, 우주 전체로 보면 대부분이 수소이므로, 양성자가 대부분이 된다.

아직도 '왜 반입자가 정입자에 비해서 훨씬 적을까?' 하는 의문이 있었다. 만일 전자의 3차원 직각좌표에 따른 3개의 파동 중에서 +2/3 electric charge를 갖는 2개의 파동이 좌선형(counterclockwise)이고 − 1/3 electric charge를 갖는 1개의 파동이 우선형(clockwise)이라면 어떨까? 우선형을 정입자라고 하고 좌선형을 반입자라고 가정했으므로, 전자(electron)는 '반 − 반 − 정'이 된다. 양성자는 '정 − 정 − 반'이므로 우주 전체로 보면 물질과 반물질이 거의 비슷하게 맞아 들어간다.

제3부

기후 온난화와 재생에너지

chapter 10

새로운 에너지 창출이 가능하다

1. 새로운 에너지원

현재 인류 전체가 사용하는 에너지 소비량은 실로 막대하다. 석탄, 석유 등의 화석에너지는 근대의 인류가 발전하는 데 기반이 되었다. 단점은 연소 후에 CO_2가 발생하는 것이다. CO_2는 지구 온난화의 주범으로 지목이 되고 있다.

핵분열이나 핵융합의 과정에서 질량이 에너지로 전환되어 나오는 에너지를 원자력 에너지라 한다. 에너지를 얻는 과정에서 방사능 물질이 방출되어 환경오염의 원인이 된다. 핵융합의 과정으로부터는 비교적 깨끗한 에너지를 얻을 수 있지만, 아직까지는 실용화되어 있지 않다.

핵융합은 고온에서 반응이 일어나므로 1억℃ 정도의 플라즈마 상태를 유지해야 한다. 이를 위해서 토카마크라는 장치를 사용하여 연구하고 있다. 지구는 내부의 온도가 높다. 지표면에서 땅속으로 파고 들어가면 10m당 1℃씩 온도가 높아지는

데, 일부 지역은 마그마가 지표면 가까이까지 올라와 있는 곳이 있다. 수십 미터만 파 들어가면 높은 열을 가지고 있는 마그마를 만날 수 있는 것이다. 이런 곳에서는 지열 에너지를 이용하는 것이 경제성이 있다. 문제는 이렇게 마그마가 지표면 가까이 올라와 있는 지역이 흔하지 않으며, 지열 에너지는 지역적 특성에 의존한다.

우리나라의 대관령과 같은 곳은 일 년 내내 바람이 많이 부는 곳이다. 외따로 떨어져 있는 섬이나, 산 정상 부근과 같은 고지대에서는 에너지의 공급이 수월하지 않으므로 풍력을 이용하는 것이 적당하다. 풍력 에너지도 지역적 특성에 의존한다. 지열이나 풍력은 지구온난화를 방지하는 효과가 있다.

바다의 파도는 에너지 집적도가 바람보다 크기 때문에 경제성 있는 설비가 될 수 있다. 그러나 파도는 날씨의 영향을 많이 받게 되므로 지속적인 에너지 공급에 문제가 있다. 파력 에너지도 화석 에너지의 대체에너지로서 사용이 가능하므로 지구온난화 방지 효과가 있다.

조력 에너지는 조석 간만의 차를 이용해 전기를 생산하는 것으로서, 간만의 차이가 큰 우리나라 서해안 지방은 조력 에너지를 이용하기 좋은 지역이다. 조력 에너지도 지역적 특성에 의존한다.

2. 태양광 에너지

태양광 에너지는 최근 들어서 가장 각광받고 있는 에너지이다. 태양광 에너지는 집적도가 낮아서 미미한 것 같지만, 지구 전체 표면에 내려오는 태양광 에너지는 실로 막대한 양이다. 옛날 로마와 카르타고의 전쟁에서 카르타고의 편을 들었던 시라쿠사에 살던 아르키메데스는 거울을 이용하여 태양열을 모아서 로마군의 함대를 불태우고 전쟁을 승리하였다는 이야기도 있다.

실제로 태양광 에너지의 양을 계산해 보면 다음과 같다.

$$\text{태양광 에너지} = 1kW/m2$$
$$= 1GW/km2$$

$$1GW = 1,000,000kW$$

한국에 내려오는 태양광 에너지의 양은, 한국의 면적이 220,000km²이므로,

> 한국에 내려오는 총 태양 에너지
> $$= 1 \text{ GW/km}^2 \times 220,000\text{km}^2$$
> $$= 220,000\text{GW}$$

의 양이 된다. 화력발전소 1기의 전기 생산량이 평균 500㎿이므로, 한국에 내려쪼이는 태양광 에너지의 양은 화력발전소 440,000기에 해당하며, 원자력발전소 1기의 전기 생산량은 평균 1GW이므로 220,000기의 원자력발전소 생산량에 해당한다.

한편, 사하라사막에 내려오는 태양광 에너지의 양은 사막의 면적이 9,000,000km²이므로,

> 사하라 사막에 내려오는 총 태양에너지
> $$= 1\text{GW/km}^2 \times 9,000,000 \text{ km}^2$$
> $$= 9,000,000\text{GW}$$

의 양이 되며. 화력발전소 18,000,000기와 9,000,000기의 원자력발전소 생산량에 해당된다. 이것은 엄청나게 큰 양이다.

사하라사막에 내리쬐는 태양열 에너지만으로도 지구상의 인류 전체가 사용하는 에너지의 몇 천 배에 이르는 양이 되는 것이다.

이 태양광 에너지를 이용하면 사실 에너지 문제는 해결될 수 있다. 환경오염의 문제도 없고 지구온난화 방지에도 도움이 되며, 사막화 과정이 심각한 실정인 지금, 이보다 좋은 에너지원은 없다.

태양광 발전을 위한 태양전지판은 태양빛에 수직 방향으로 세워놓는다. 그리고 태양광 에너지가 전기로 전환되는 양은 10~20% 정도이다. 나머지 흡수가 되지 않은 태양열은 반사되어서 지구 바깥으로 내보내진다. 따라서 지구 바깥으로 내보내는 에너지의 양이 커지므로, 지구온난화를 방지할 수 있게 된다.

태양전지판의 하부는 그림자가 생기므로 사막의 뜨거운 지표면을 식혀 주는 효과도 있다. 그러면 태양열에 의해서 증발해 나가 버리던 땅속의 수분이 땅속에 잔류할 수 있게 되므로 사막화 과정을 차단하고 녹색지대로 바꿀 수 있게 될 수도 있을 것이다.

태양전지판을 하나만 세워 놓았을 때는 표시가 나지 않겠지만, 아주 넓은 지역을 태양전지판으로 덮게 되면, 그 효과가 나

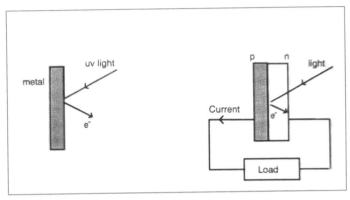

타나게 될 것이다. 이렇게 사막의 변경에서부터 태양전지판을 세워나가면 분명 사막이 확대되는 것을 막을 수 있을 뿐만 아니라 사막을 좁혀 나갈 수도 있을 것이다.

그리고 막대한 태양광 에너지가 반사되어 나가게 되면, 지구 전체의 기후 변화 문제도 생각해야 할 것이다. 적도에 가까운 지역에서 어느 정도 분산해서 설치를 해 놓으면 에너지 문제와 지구온난화 문제를 동시에 해결할 수 있다. 문제는 아직까지는 경제성 면에서 석유보다 3~4배의 비용이 든다는 것이다.

태양전지판을 만드는 주 소재는 비정질 실리콘 결정이다. 효율은 최대 20% 미만으로 그리 높지 않은 편이다. 그러나 현재 많은 과학자들이 태양전지에 대한 연구를 하고 있고, 그 효율도 나날이 나아지고 있다. 머지않은 미래에 석유보다 싼 값으로 태양광 에너지를 쓸 수 있는 날이 올 것이다.

chapter 11

지구온난화는 극복될 수 있다

1. 지구의 기상 이변

　현재 전 지구적인 기상 이변이 여기저기에서 발생하고 있다. 홍수, 가뭄, 태풍, 혹서, 엘니뇨, 라니냐 등, 예전에 없었던 기상 이변이다.

　필자가 어렸을 때에는 겨울이 무척 추웠다. 눈도 많이 왔다. 겨울이면 눈사람도 만들고, 눈으로 성도 만들고, 처마 밑에는 고드름도 열리고…… 이제는 거의 볼 수 없는 것들이다. 과학자들이 지구온난화를 부르짖지 않아도 피부로 느낄 수 있는 온난화 현상들이다.

　문제는 이것이 기후의 순환적인 변화이냐 아니면 돌이킬 수 없이 파국으로 치닫는 과정이냐이다. 북극의 빙하가 해빙이 되면 얼음과 눈에 의해서 반사되던 햇빛이 지구 내부로 흡수되어 온난화가 가속된다. 전 세계 얼음의 90%가 있는 남극의 빙하가 녹으면 햇빛이 반사되어 열이 축적되는 문제뿐만 아니라 바다의 수면이 높아져서 육지의 많은 부분이 바다 밑으로 들어가게 된다. 그런데 이러한 지구온난화를 막을 수 있는 방법이 있다.

2. 지구온난화의 원인

1) 이산화탄소

이 책에서 구체적인 자료를 제시하지 않더라도 많은 과학자들은 CO2 농도와 지구 대기온도 간의 상관관계를 나타내는 많

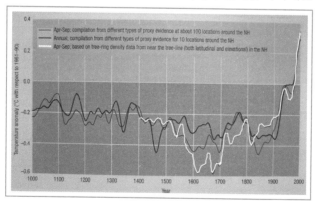

그림 11 - 1: 지구 대기온도

은 자료들을 보여주고 있다.

CO2 발생은 인간이 사용하는 화석연료에 의한 것이 제일 크다. 물론 그 이외에 화산 활동이나 자연적인 산불 등에 의한 발생도 있지만 이것들은 양도 적고 인위적으로 조절이 되지 않으므로 논외로 한다.

그런데 위의 자료는 과거 CO2의 대기 중 농도와 지구 대기 온도의 상관관계만 보여줄 뿐 CO2가 지구 대기 온도 상승의 주원인이라는 증거로는 불충분하다. CO2 농도가 증가하면 온실효과에 의해서 지구대기온도가 올라가는 것은 사실이나, 반대로 지구 대기온도가 상승하면 여러 가지 이유로 해서 대기 중의 CO2의 농도가 올라갈 수도 있기 때문이다.

우선 바닷물의 온도가 올라가면 CO2의 용해도가 감소하여 물속에 녹아 있던 CO2가 대기로 나오게 된다. 또한 대기 중의 CO2가 빗물에 녹아 들어가는 양도 줄어들게 된다. 그러므로 CO2 농도가 높아져서 온실가스의 영향으로 지구 대기온도가 높아졌다고 강변할 수는 없는 것이다. 그 반대로 지구대기온도가 높아져서 CO2 농도가 높아졌다고 할 수도 있는 것이다.

그리고 무엇보다도 지구의 역사상 빙하기와 간빙기가 몇 차례 지나갔는데, 빙하기에서 간빙기로 바뀌어 가는 단계를 CO2 농도만으로는 설명할 수 없다.

빙하기라면 모든 세계가 얼어 붙어 있는 상황인데, 어떻게

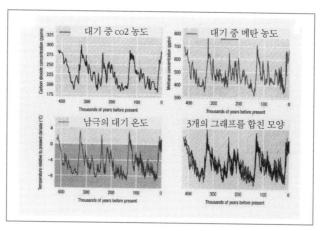

그림 11 – 2: 빙하기와 간빙기 도표

CO2 농도가 증가할 수 있겠는가? 그 추운 빙하기 속에서 대체 어떤 생물이 대기 중의 CO2 농도를 높여서 지구대기를 다시 따뜻하게 해서 간빙기가 다시 오도록 할 수 있다는 말인가?

또한 인류의 역사시대만 놓고 보아도 길지 않은 지난 2000년의 세월 속에서도 소빙하기가 있었다. 지구 대기의 온도가 전체적으로 약간 내려간 적이 있었다는 것이다. 역사시대 이후 대기 중의 CO2의 농도는 증가하기만 하였을 텐데, 어떻게 지구 대기 전체의 온도가 내려갈 수 있는가?

결국 생명체 이외의 다른 원인이 지구를 온난화하기도 하고 한랭화하기도 하는 것이다. 현시대의 CO2 농도 변화에 인류가 하는 역할은 단지 그 추세를 가속시키는 정도일 것이다.

2) 태양열

한편 태양의 지구 대기온도에 대한 영향력은 막강하다. 밤과 낮의 온도 변화를 보면 바로 알 수 있다. 그리고 계절 간의 변화 또한 그렇다. 그래서 빙하기가 오는 원인을 태양과의 관계에서 찾는 과학자도 있다. 태양 활동의 주기에 따라 지구의 온도가 더워졌다가 식었다가 한다는 이론이다.

또는 우주 공간의 우주먼지에 의해서 태양열이 전달되는 양이 변한다는 이론도 있고, 지구 회전축의 기울기가 주기적으로 변화하며 그에 따라서 지구의 기후가 변한다는 이론도 있다. 그리고 다른 행성들과의 상호작용으로 지구 공전궤도가 변화하여 궤도가 태양으로부터 멀어질 때는 빙하기가 오고 가까워질 때는 온난화가 된다는 것이다.

이러한 이론들은 그럴 듯하지만, 현재 관측되는 단위면적당 태양열의 양이 변화가 없고 관측 활동을 시작한 시간이 대략 50년 정도로 그리 길지 않으므로, 옳고 그름을 판단할 수는 없다.

3) 지열

한편, 지구 내부의 변화가 지구 대기온도를 좌우한다는 가설은 어떠한가? 과거의 지구 역사를 보면 맨틀의 대류에 의한 대류이동설은 정설이 되어 있다. 현재 지구가 식어가는가 아니면 더워지는가? 이에 대한 답변은 누구나 할 수 있다. 정답은 식어간다는 것이다.

이것은 '열은 온도가 높은 곳에서 낮은 곳으로 흐른다'는 법칙을 생각해보면 알 수 있다. 지구 내부가 외부보다 온도가 높다. 따라서 지구는 식어가는 것이다. 그러나 지구 내부에는 자연 방사성 원소들이 많이 있어서 지속적으로 열을 내어주고 표면에서는 태양에너지가 내려 쪼임으로써 온도가 거의 일정하게 유지될 뿐이다.

여기서 맨틀의 대류에 따른 지구 표면 온도의 변화를 생각해보자. 맨틀의 대류가 항상 일정하게 흐르지 않고, 대류가 한 번 일어난 후 다음의 대류에 필요한 에너지를 축적하기 위해서 어느 정도의 시간을 가지게 된다면, 다시 말해서 주기적으로 대류순환이 일어난다면, 이것은 지구 표면 온도의 주기성을 설명할 수 있다.

현재의 시대는 맨틀의 대류가 시작되는 시기라고 가정하면, 지구온난화, 지진, 화산 활동, 해양 온도 증가 등을 새로운 각도로 볼 수 있다.

3. 지구온난화에 대한 대책

1) 이산화탄소

CO_2는 누구나 알다시피 온실가스이다. 화석연료 사용을 저감시키는 것이 필요할 것이다. 연료사용 효율을 제고시키고, 대체에너지를 개발하여야 한다

2) 태양열

지구온난화의 주원인이 태양열의 변화에 의한 것이라면 방법은 지구로 오는 태양열을 반사시키는 것이다. 태양전지는 현재 효율이 10~20%에 지나지 않는다. 즉, 태양으로부터 오는 에너지의 10~20% 정도만 전기로 변환이 되고 나머지는 반사

를 시킨다. 따라서 태양전지는 대체에너지로서뿐만 아니라 태양열 반사에 의해서 이중으로 지구온난화를 막을 수 있다.

다시 말해서, 태양전지판은 북극과 남극의 얼음과 눈을 대신해서 지구 표면 온도를 조절할 수 있는 방법이 된다.

예를 들어 사하라사막을 태양전지판으로 덮어버린다면 위도가 북극이나 남극보다 훨씬 낮기 때문에 태양열 반사의 관점에서 보면 더 큰 효과를 볼 수 있다. 반대로 지구 표면 온도가 낮아질 때에는 우주 공간에 태양전지판을 설치하고 반사되는 태양빛을 지구로 가도록 한다면 지구에 빙하기가 오는 것을 막을 수도 있을 것이다. 물론 우주에서 생산한 전기는 마이크로파로 에너지를 전달해서 지상에서 사용할 수 있다.

태양광 발전은 청정에너지로서 한번 장치를 설치를 해놓으면 지속적으로 에너지를 얻을 수 있는 에너지원이다. 이것은 개발이 되기 어려운 지역을 이용할 수도 있기 때문에 균형적인 지역개발의 효과를 얻을 수도 있다.

사막 주변에 태양전지판을 설치하게 되면 그 지역의 주민들은 그로부터 혜택을 받을 수 있을 것이다. 문제점은 생산된 전기를 이송하는 것이다. 우리나라는 국토가 좁아서 태양전지판을 설치할 공간이 적다. 그러나 아프리카의 사하라사막을 이용해서 태양열 발전을 하려고 해도 생산한 전기를 한국까지 이송할 방법이 적당치 않은 것이다. 이 책의 뒷부분에서 이에 대한 해결책을 강구해 보았다.

3) 지열

지열이 지구 표면까지 올라와서 급격하게 영향을 미치는 것이 지구온난화의 주원인이라면 대책이 쉽지 않을 것이다. 화산 활동과 지진, 해수온도 상승 등은 인류가 해결하기 어려울 것이기 때문이다. 그러나 이러한 상황은 지구 역사를 살펴볼 때에 가능성이 높지 않다. 지구에 빙하기가 오기 시작한 이래 대륙의 갑작스러운 이동은 없었기 때문이다.

다만 지구 내부의 열이 온순하게 열전달만을 통해서 지구표면으로 영향을 줄 경우에는 그 열에너지를 이용하면서 소모시키는 방법을 생각해 볼 수 있겠다. 지열 발전을 이용해서 청정에너지로 사용하는 것이다. 땅밑에서 올라오는 지열을 외부로 방출하려면 역시 태양열 반사를 이용하는 것이 대책이 될 것이다.

4) 종합

결국 어떠한 원인에 의해서 지구온난화가 진행이 되든지 그

대책은 태양열 반사에 의한 온도 조절밖에는 없는 듯하다. 특히 태양광 발전은 태양열의 일부를 에너지로 사용할 수도 있으므로 가장 우수한 에너지원이 아닐 수 없다.

chapter 12

중성자 붕괴를 활용한 새로운 에너지

1. 초소형 대용량 배터리 개발

　현대사회에서 사용되는 배터리는 화학반응 방식이다. 화학반응식 배터리는 양전극과 음전극 그리고 두 전극을 화학적으로 연결시켜주는 전해질로 구성되어 있다. 건전지나 리튬전지, 그리고 자동차에 쓰이는 납축전지 등 모든 배터리는 화학반응 방식이다. 이러한 화학반응식 배터리는 에너지 저장용량이 그리 크지 않은 편이다. 또한 제품 생산을 위해서 많은 에너지가 소모된다. 이러한 형태의 배터리는 전기의 사용에 제한을 준다. 저장에너지당 가격이 비싸고 저장용량도 작아서 자동차 같이 에너지를 많이 소비하는 데에는 사용하기 어렵다. 미래에 사용될 전기의 형태를 생각해 보면, 멀지 않은 미래에 새로운 방식의 배터리가 출현하지 않을 수 없다.

　새로운 형태의 배터리의 하나로서 다음과 같이 중성자 붕괴를 이용하는 배터리를 생각해 볼 수 있겠다.

2. 중성자 붕괴

중성자(neutron)는 양성자나 전자보다 불안정하기 때문에, 우주 공간에 중성자만 홀로 존재하는 경우 그 수명은 대략 10분 정도이다. 중성자는 양성자(proton)와 전자(electron) 그리고 반중성미자(anti-neutrino)로 붕괴한다. 이러한 붕괴를 $\beta-$ 붕괴라고 한다.

$$n \rightarrow p + e^- + \nu$$

n: 중성자(neutron) p: 양성자(proton) e^-: 전자(electron)

ν : 반중성미자(anti-neutrino)

위의 식에서 보는 바와 같이 중성자가 붕괴하면 양성자와 전자가 생성된다. 한편, 헬륨과 같은 안정된 원자핵 속에서는 중성자 붕괴가 일어나지 않는다.

이유는 헬륨 원자핵 속에 있는 2개의 양성자와 2개의 중성자는 강한 핵력에 의해서 서로 결합되어 있어서 안정된 상태에 있기 때문에 중성자가 자연붕괴하지 않는 것이다. 원자핵 속에서는 강한 핵력과 전자기력, 그리고 약한 핵력이 작용하고 있다. 강한 핵력은 전하에 관계없이 양성자와 양성자, 중성자와 중성자, 그리고 양성자와 중성자 사이에서 차이가 없이 작용한다. 단, 양성자와 양성자 사이에는 같은 전하를 갖고 있으므로 전기적인 반발력이 있다. 그러나 강한 핵력은 쿨롱력에 의한 전기적인 반발력보다 훨씬 크기 때문에 원자핵은 전기적인 반발력에도 불구하고 안정한 상태로 있는 것이다.

그런데 원자번호가 커질수록 양성자의 숫자가 증가하므로 쿨롱력이 점점 커진다. 따라서 이러한 반발력을 이기기 위해서는 전하가 없는 핵자인 중성자의 숫자가 양성자의 숫자보다 많아야 원자핵이 안정된 상태로 있을 수 있다. 이렇게 해서 안정된 상태를 유지하면서 원자번호가 최대로 크게 된 것이 우라늄이다.

우라늄보다 더 큰 원자는 불안정해서 쪼개지므로 자연 상태에서 존재할 수 없다. 우라늄은 양성자 92개와 중성자 143개가 합해서 $_{92}U^{235}$의 형태로 존재하기도 하고, 양성자 92개와 중성자 146개가 합해서 $_{92}U^{238}$의 형태로 존재하기도 한다. 이 외에도 우라늄은 중성자를 139개 140개, 141개, 142개, 144개, 또는 147개를 갖고 있기도 하며, 각각 $_{92}U^{231}$, $_{92}U^{232}$, $_{92}U^{233}$, $_{92}U^{234}$, $_{92}U^{236}$, $_{92}U^{239}$이라고 한다. 이와 같이 하나의 원소가 다른 개수의 중성자를 갖고 있는 것을 동위원소라고 한다.

한편 우라늄보다 작은 원자들은 다른 개수의 중성자를 갖고 있는 경우가 줄어든다. 즉, 동위원소의 종류가 줄어든다. 중요한 것은 중성자의 개수가 과다하게 있는 경우에는 불안정해져서 중성자가 스스로 붕괴한다는 것이다. 예를 들면 $_{92}U^{239}$는 β −붕괴를 하는데, 그 반감기는 23.5분이다.

한편 우라늄보다 가벼운 원소를 보면, 철은 원자번호가 26이고 중성자 개수는 30개로서 안정한 상태를 이루고 자연 상태의 동위원소도 존재하지 않는다. 철은 $_{26}Fe^{56}$으로 표시된다.

코발트는 원자번호가 27이고 2개의 동위원소가 존재하는데. 중성자 개수가 32개인 것과 33개인 것이 있다. $_{27}Co^{59}$는 안정된 상태로 있으나, $_{27}Co^{60}$은 불안정하여 β−붕괴를 한다. 그 반감기는 5.271년이다.

구리는 원자번호가 29이고 동위원소가 3종류가 있다. $_{29}Cu^{63}$, $_{29}Cu^{64}$, $_{29}Cu^{65}$의 3종류가 있는데, 그중에서 $_{29}Cu^{64}$는 β−붕괴를 하며 그 반감기는 12.7시간이다.

이와 같이 동위원소들은 중성자의 개수가 많아지면 붕괴를 하여 양성자와 전자를 만들어낸다. 이때 생성된 양성자는 원자핵 속에 남아 있고 전자는 대략 1MeV 정도의 에너지를 가지고 원자핵 바깥으로 튀어 날아간다. 이 전자를 포집하여 음극으로 사용하면 훌륭한 고용량의 배터리로 쓸 수 있을 것이다.

3. 핵 축전지

1) 핵 축전지의 용량

핵 축전지의 용량을 살펴보자.

Co의 동위원소 100kg을 축전지로 쓴다고 가정하면,

밀도 = 8.9 g/cm³ = 8,900 kg/m³

분자량 = 60

부피 = 100kg/8.9g/cm³

   = 11,236cm3

   = 11.236liter

Avogadro number

   = 6.022×10²³ 원자/g−mol

잠재 전자의 양

$$= (100\text{kgCo}) \times (1000\text{g/kg})$$

$$/(60\text{g/g}-\text{mol})$$

$$\times (6.022 \times 10^{23} \text{ 원자/g}-\text{mol})$$

$$= 1.0037 \times 10^{27} \text{ 전자}$$

전자의 전하량

$$= 1.6 \times 10^{-19} \text{ 쿨롱/전자}$$

Co 100kg의 전하량

$$= (1.0037 \times 10^{27} \text{ 전자})$$

$$\times (1.6 \times 10^{-19} \text{ 쿨롱})$$

$$= 1.606 \times 10^{8} \text{ 쿨롱}$$

즉, 코발트 100kg은 1.606×10^{8} 쿨롱의 전하량을 보관할 수 있다. 그러면 이러한 전하량은 에너지로 환산하면 어느 정도 될까? 배터리에서 형성된 전압이 100volt가 된다고 가정하면,

에너지 = 전하량×전압

$$= (1.606 \times 10^{8} \text{ Coulombs})$$

$$\times (100\text{Volt})$$

$$= 1.606 \times 10^{10} \text{ Joules}$$

$$= 3,838,000\text{kcal}$$

$$= 4,461.1\text{kWh}$$

4,461.1 kWh의 전력을 보관하고 있는 것이다. 참고로 리튬이온 전지의 에너지 밀도는 약 100Wh/kg이다. 리튬이온 전지 100kg은 10kWh의 전력을 보관한다. 따라서 핵 축전지의 에너지 밀도는 리튬이온 전지의 에너지 밀도보다 약 450배 정도 크다. 또한 핵축전지의 양극과 음극 사이의 전압을 1,000Volt로 유지할 수 있다면, 4,500배의 전력을 보관할 수 있는 것이다.

2) 현재의 휘발유와의 비교

위에서 계산된 열량과 휘발유의 열량을 비교하면,

    휘발유의 에너지 = 8,000kcal/liter
    휘발유 10liter의 에너지 = 80,000kcal
    핵 축전지 10liter의 에너지 = 4,113,000kcal

즉, 같은 부피로 비교하면 핵 축전지의 에너지가 휘발유의 에너지의 51.4배에 해당된다. 또한, 휘발유 엔진은 효율이 평균 30% 안팎이라고 보고 전기모터의 효율을 90%로 보면, 대략 154배의 연료를 자동차에 싣고 다닐 수 있게 되는 것이다. 만일 핵 축전지의 전압을 1,000Volt로 유지할 수 있다면, 휘발유에 비해서 1540배의 연료를 싣고 다니게 된다는 것이다. 그야 말로 꿈의 연료라고 할 수 있다.

3) 핵 축전지 재료

위에서 본 대로 동위원소들은 중성자가 균형 상태보다 많으면 불안정해져서 붕괴한다. 불안정한 정도가 너무 크면 붕괴 속도가 너무 빨라서 오랜 시간을 보관할 수 없을 것이고, 불안 정한 정도가 너무 작으면 붕괴 속도가 너무 느려서 이용할 수 없게 된다. 따라서 적당한 동위원소를 찾는 일이 필요하다.

이렇게 하여 적당한 동위원소들을 찾으면, 다음에 할 일은 그 동위원소들을 생산하는 일이다. 동위원소라는 것은 양성자 개수에 비해서 더 많은 중성자가 원자핵에 존재하는 것이다. 즉 원자핵 속의 양성자를 중성자로 바꾸면 동위원소가 만들어 진다. 예를 들어 전자를 입자가속기로 가속한 후 원자핵에 입사시키면, 원자핵 중의 양성자와 전자가 반응하여 중성자를 만들어 낸다. 양성자가 하나 줄어들기 때문에 원자번호는 하나 작아지고, 중성자는 하나 많아진다.

그리고 이렇게 해서 만들어진 동위원소가 위에서 말한 '적당한 동위원소'라면 되는 것이다. 물론 이러한 작업은 간단한 것이 아니다. 그렇지만 미래에 사용될 에너지원으로서는 아마도 이만한 방법이 없을 것이다. 여기에는 동위원소를 찾아내고 동위원소를 만들어내는 일 이외에도 넘어야 할 산이 많다. 그 중 대표적인 것이 방사능이다. 원자핵이 $\beta-$붕괴를 할 때에는 전자뿐만 아니라 감마선($\gamma-$ray)과 x$-$ray들을 방출한다. 이에 대한 대비책도 필요한 것이다.

4. 방사능

중성자 붕괴는 일종의 핵반응이다. 핵반응은 에너지가 상당히 높은 상태에서 일어나며 각종 방사능이 방출되기도 한다. 생성되는 전자 자체도 β-ray라고 하는 방사선일 뿐만 아니라 잉여 에너지가 고에너지의 전자파인 X-ray 또는 γ-ray의 형태로 방출 된다.

1) 베타선(β-ray)

원자핵에서 방출되는 전자인 β-ray는 물질 속을 통과하면서 다른 원자의 궤도전자와 상호작용하여 전리와 들뜸을 일으키면서 자신의 에너지를 잃는다. 즉, 다른 원자와 충돌하면서 에너지를 잃는다. 전자는 다른 원자와 충돌하면서 진행 방향도 바뀌고 2차 전자를 생성시키기도 한다. 물질 내에서의 전자의 경로는 다양하지만 평균적으로 전자의 에너지가 높을수록 물질을 통과하는 거리가 증가한다.

　이 전자는 포획이 되어서 음극의 역할을 해야 하므로 음극의 물질 내에서 정지하도록 두께를 정해야 한다.

2) X선(X-ray) 및 감마선(γ-ray)

　X선이나 감마선이 물질을 통과할 때 물질과의 상호작용에 의해서 산란(scattering), 흡수(absorption) 및 투과 등이 일어 난다. 이러한 과정에서 광자 에너지는 줄어들게 되고 결국 물질 내의 운동에너지로 바뀌거나 저에너지의 광자 에너지로 변환되어서 외부로 방출된다. 물질 내에서 X선이나 감마선이 에너지를 잃는 정도는 물질의 두께와 입사광자의 에너지에 비례한다. 즉, 물질의 두께가 두꺼울수록 에너지를 많이 잃게 되고, 입사광자의 에너지가 클수록 많은 에너지를 잃는다. 이것을 수식으로 나타내면,

$$dI = -\mu I dx$$

　　μ: 감쇠계수 I: 입사광자의 에너지 Dx: 물질의 두께

가 되고, 이 방정식을 적분하면,

$$I = I_0 \exp(-\mu x)$$

와 같이 된다. 따라서 핵축전지를 사용하기 위해서는 방사능을 차단해야 한다. 방사능을 차단하기 위해서는 적당한 재료를 적당한 두께로 사용할 수 있을 것이다.

에필로그

필자는 현대물리학 책을 많이 읽었고 이 책을 쓰면서 생기는 의문들을 해결하기 위해서 또 책들을 보았다. 많은 흥분과 관심을 가지고 읽어왔고 앞으로도 그럴 것이다. 그리고 풀리지 않는 의문과 새로운 생각들이 떠올랐다.

그럴 때 혼자서 고민해 보기도 하고 다른 사람들에게 물어보기도 하면서 지내왔다. 그러나 시원한 답을 들을 경우가 별로 없었고, 결국 나름대로 새로운 생각을 펼치게 되었다.

필자의 의견을 무조건 무시하지도 말고 무조건 수용하지도 말고 독자 여러분들은 이 책을 비판적으로 읽어 주었으면 하는 것이 필자의 바람이다.

여기에 써놓은 내용들은 기존의 학설과 필자의 생각을 병행한 것이다. 그리고 가급적으로 기존의 학설과 필자의 생각을 구분하여 쓰려고 노력하였다. 그렇지만 본의 아니게 섞어버린 부분이 있을 수 있을 것이다. 또 하나, 기존의 학설이라고 인용한 것이 잘못 인용한 부분도 있을 것이다. 이러한 부분들이 있다면 독자 여러분들께 진심으로 사과 드리는 바이다.

어찌되었든 나름대로 상대성이론이 틀렸다는 주장을 하였고 이론적으로 성공하였다고 생각한다. 그리고 그 대안으로서 제시한 물질파의 개념은 앞으로 더 많은 연구를 해야 할 것으로 생각한다.

상대성이론이라는 것은 1905년에 아인슈타인에 의해서 발표되었다. 중세가 끝나고 기독교철학의 세상에서 합리주의철학이 생겨나면서 신의 절대성에 의문이 제기되었다. 그러한 가운데에서 나온 상대성이론은 '물체운동의 상대성'과 '빛의 속도의 절대성'을 결합하였다.

그런데 '빛의 속도의 절대성'은 근거가 없다. 단지 가설일 뿐이다. 이것이 상대성이론을 어렵게 만드는 것이고 계속적으로 증거를 요구하게 한다. 무엇 때문에 빛의 속도가 변함이 없어야 하는가에 대한 필연적인 설명이 없이, 단지 상대성이론을 적용하면 풀리지 않던 문제가 해결이 된다는 이유만으로 상식적으로 이해가 되지 않는 이론을 수긍할 수는 없는 것이다. 그보다는 상식적으로 이해할 수 있는 방식으로 설명할 수 있는

길을 찾아야 할 것이다.

또한 '빛의 속도의 절대성'은 성경에서 말하는 '빛'과 통한다고 보기도 어렵다. 성경에서 말하는 빛은 '마음의 빛'이지 물질적인 빛을 말하는 것은 아니라고 본다. 빛은 주위를 밝게 한다는 속성이 있어서 성경에서 비유로 사용된 것이지, 말 그대로의 물질적인 빛을 말하는 것은 아닐 것이다.

필자는 상대성이론을 일반인들과 약간 다르게 물리현상을 해석하는 시각 중 하나의 예라고 생각한다. 상대성이론은 빛의 속도를 불변으로 해놓고 거기에 다른 모든 것, 즉 시간, 공간, 질량 등을 휘어지게 하면서 물리현상을 해석하는 방법이다. 이것도 하나의 해석 방법이 되기는 할 것이다. 빛보다 매우 빠른 물체가 있다면 그 속도에 의해서 매우 큰 운동에너지를 가질 것이다. 그런데 상대성이론으로 보면, 빛의 속도에 근접하는 빠른 속도에 의해서 질량이 매우 커지게 되고, 이렇게 증가한 질량에 의해서 운동에너지가 커진다고 하는 식이다.

이러한 시각으로 모든 물리현상을 해석한다고 하면 나름대로 그 체계 안에서 모순 없이 설명이 가능할지도 모르겠다. 다만 문제는 빛보다 빠른 물체에 대해서는 생각을 할 수 없게 만드는 단점이 있는 것이다. 이렇게 제한적인 시각으로 왜곡되게 물리 연구를 한다는 것은 불행한 일이다. 본인은 이에 대한 대안으로 물질파 연구를 더욱 깊게 해서 돌파를 해야 할 것으로 생각한다.

또한 금세기에 가장 큰 문제라고 생각되는 지구온난화에 대해서는 새로운 에너지인 태양에너지를 지구적 차원에서 검토하고 이용하여야 할 것으로 생각한다. 이를 효율적으로 만들기 위해서는 고용량 고효율 배터리가 필수적일 것이다. 현재 생산되는 원유의 반 이상이 자동차 등 운송수단의 연료로써 사용되고 있는 상황에서 이를 대체할 수 있는 방법이 강구되지 않는다면 태양에너지는 그 가치가 떨어지게 될 것이다.

필자는 그 대책의 하나로서 중성자 붕괴를 고려해 보았다. 이것 말고도 다른 방법이 얼마든지 있을 것이다. 머지않은 미래에 이것이 실현되기를 기대하는 바이다.

끝으로 이 책을 끝까지 읽어주신 독자 여러분께 감사드리고, 이 책이 출판될 수 있도록 도와주신 여러분들께도 깊은 감사를 드린다.

참고문헌

1. Serway, R.A. and Moses, C.J. and Moyer C.A. (2005). *Modern Physics*, 3rd ed, International student edition

2. Hartle, J.B. (2003). *Gravity: An Introduction to Einstein's General Relativity*, University of California, Santa Barbara

3. Resnick, R. and Halliday D. (1992). *Basic Concepts in Relativity*, Macmillan publishing company, a division of Macmillan, Inc.

4. Rindler W. (1991). *Introduction to Special Relativity*, 2nd ed, Oxford university press, Walton street

5. Martin, J.L. (1995). *General Relativity: A First Course for Physicists*, revised ed, Prentice Hall Europe

6. Chao, A.W. and Moser, H.O. and Zhao, Z. (2002). *Accelerator Physics, Technology and Applications*, Selected Lectures of OCPA International Accelerator School 2002, Singapore

7. 신귀순, (2005). 『방사선물리학』, 신광출판사

8. Nelson, J. (2003). *The Physics of Solar Cells*, Imperial College Press

9. Zukav, G, (1979). *The Dancing Wu Li Masters: An Overview of the New Physics*, William Morrow and Company

10. Close F. (2004). *Particle Physics: A Very Short Introduction*, Oxford university press

11. Coughlan, G.D. and Dodd, J.E. and Gripaios, B.M. (2006). *The Ideas of Particle Physics: An Introduction for Scientists*, Cambridge university press

12. 植谷慶雄著, 한원철譯, (2000).『폴리머 전지』, 성안당

13. Fowles, G.R. (1975). *Introduction to Modern Optics*, 2nd Ed., Dover   Publications Inc., New York

14. Moore, Patrick (2007). *Our Universe: An Introduction*, AAPPL Artists' and Photographers' Press

15. William Burroughs (2003). *Climate into the 21st Century*, Cambridge, World Meteorological Organization.

16. Richard L. Liboff (1992). *Introductory Quantum Mechanics*, 2nd Ed. Addison Wesley

17. Serway/Moses/Moyer (2005). *Modern Physics*, 3rd Ed. Thomson Brooks/Cole

상대성이론과 양자역학이론의 오류

초판1쇄 발행 2021년 03월 05일
초판2쇄 발행 2023년 12월 11일

지은이 : 황금호
펴낸이 : 김향숙
펴낸곳 : 인북스
주소 : 경기 고양시 일산서구 성저로 121, 1102-102
전화 : 031 924 7402
팩스 : 031 924 7408
이메일 : editorman@hanmail.net

ISBN 978-89-89449-78-2 03420

값 12,000원

※잘못된 책은 바꾸어 드립니다.